60 YEARS 1961-2021
한국전력 전력연구원

KEPCO

대한민국 전력 산업의 싱크탱크,
전력연구원이 이야기하는

설비상태 감시를 위한 전력IoT

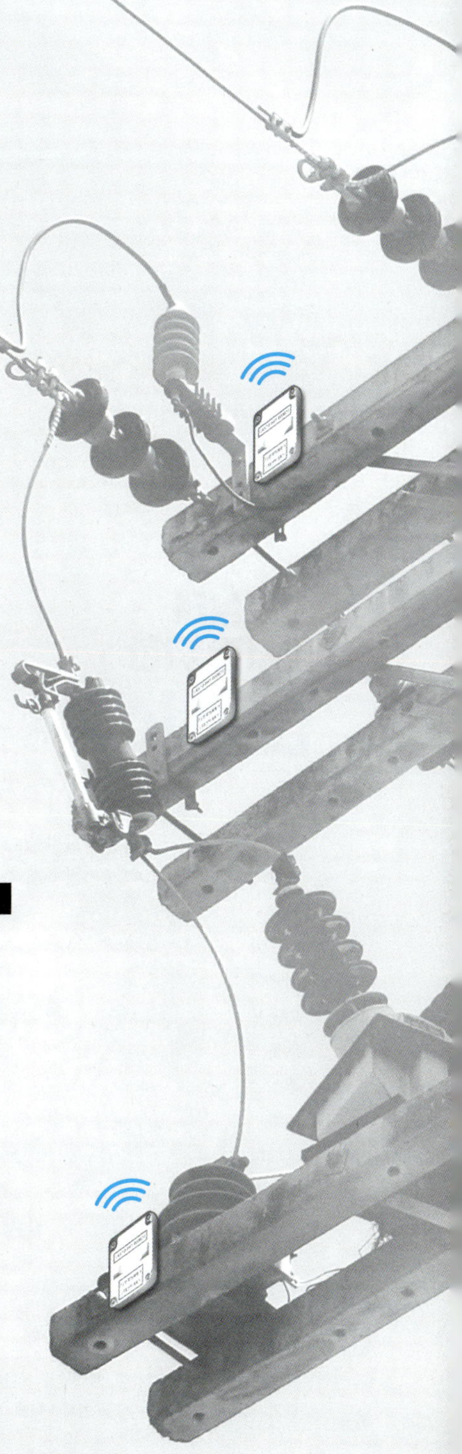

이병성·정종만·문상근·이춘권 지음

도서출판 홍릉

설비상태 감시를 위한 전력IoT

초판 1쇄 인쇄 2022년 6월 16일
초판 1쇄 발행 2022년 6월 30일

지은이 이병성·정종만·문상근·이춘권
펴낸이 송 준
펴낸곳 도서출판 홍릉
등록 1976년 10월 21일 제5-66호
주소 서울시 강북구 인수봉로 50길 10
전화 02-999-2274~5
홈페이지 http://www.hongpub.co.kr
이메일 hongpub@hongpub.co.kr
ISBN 979-11-5600-047-1(93560)

정 가 19,000원

머리말

ICT 기술이 혁신적으로 변화하고 있다. 전공 분야의 전유물이었던 첨단 기술들이 점점 일반화되고 타 분야 전공자들도 인터넷 검색을 통해 적은 노력으로도 최신 ICT 기술을 쉽게 활용할 수 있는 시대이다. 수년 전만 해도 고도의 수치해석 기술처럼 여겨졌던 인공지능 기술이 이제는 개방되고, 융・복합화 되면서 많은 자료가 공개되어 일반화 되었다. 전력 분야에서도 인공지능 기술이 현장에서 다양하게 응용되고 있다. 새로운 기술이 산업 현장에서 성장하여 활용되기까지 걸리는 시간이 점점 짧아지고 있으며 신기술도 빠르게 등장하고 있어 서비스의 형태도 급격히 변모해 가고 있다. 앞으로는 ICT 신기술의 새로운 등장에 발 빠르게 적응하는 것이 무엇보다 중요한 생존 능력이 될 것이다.

전력 분야 계통운영기술은 자동화에서 지능화로 발전하고 있다. 스마트 그리드를 구현하기 위해서는 전력설비를 효율적으로 운영하고 관리하는 기술이 필요하여 ICT 기술의 적극적인 접목이 무엇보다 뚜렷하다. 전기에너지를 고객에게 안정적으로 공급하고 정전을 최소화하는 것은 계통 운영의 가장 큰 목적이다. 현재까지는 고장계통을 빠르게 차단하고 고장 구간을 최소화하기 위한 사후대처 기술개발에 역량을 집중해 왔다. 이제는 현장에 설치된 전력설비의 상태정보를 수집, 분석하여 계통을 최적으로 구성하고, 설비의 상태를 추론하여 최적 교체 주기를 산출하는 등 설비의 설치, 운영, 교체의 전 주기에 걸친 사전 대응 기술 개발이 활발하게 이루어지고 있다. 이를 위해서는 현장 설비의 상태정보를 효율적으로 수집하는 기술과 정보수집 시스템에 대한 이해, 그리고 수집된 정보를 분석, 활용하여 응용 서비스를 개발할 수 있는 역량이 필요하다.

전력 분야 실무자가 ICT 응용서비스 시스템을 구축하는 것은 매우 어려운 일이다. 하지만 인터넷 시대에 ICT 시스템을 모르고서는 좋은 서비스를 개발하기는 더욱 어려운 일이다. ICT 신기술을 활용하기 위해서는 수집, 전송, 관리를 위한 시스템을 활용할 필요가 있는데 구성기술이 규정된 규칙으로 상호 연계되어 정확히 동작하지 않으면 시스템이 동작하지 않거나 불안정하게 된다. 상용의 시스템은 ICT 전문가가 구축하더라도 전력 전문가가 ICT 신기술의 변화에 대처하고 새로운 서비스 발굴을 위해 관련 기술들을 이해할 필요성이 더욱 커져가고 있다. 적어도 시제품 형태의 서비스 기능을 검증하고 성능을 확인하기 위해서라도 최소한의 지식이 필요다. 따라서 본 자료는 전력 분야에서 IoT 시스템을 구축했던 사례를 소개하고 관련 기술의 기초 지식을 전달하고자 한다. 아무리 시스템을 잘 설계해도 한 번에 대형 시스템을 완벽하게 구축할 수는 없다. 소규모의 서비스를 시제품 형태로 구현하여 그 실효성을 확인할 필요가 있다. ICT 전문가에게는 전력 분야의 서비스 모델을 이해할 수 있는 자료가 되었으면 좋겠다. 또한, 전력 분야 전문가는 인터넷 기반의 신기술을 접목하는 데에 도움이 되었으면 좋겠다.

특히, 스마트센서와 IoT 시스템은 4차 산업혁명 시대의 핵심기술이지만 IoT 서비스 구축 사례를 상세히 소개하거나 응용서비스를 발굴하는데 참고가 되는 기술 자료는 턱없이 부족하다. 특히 IoT의 경우 여러 분야의 기술들을 포함하고 있어 전체적인 내용을 파악하기도 어렵다. 그리고 대부분은 세부 기술을 전문적으로 다루고 있다. 이런 관점에서 전력 분야의 새로운 아이디어를 IoT 서비스로 구현해 볼 수 있도록 관련 기술의 개념과 공개된 자료, 기술표준, 개발사례를 소개하였다. 공개된 자료를 이용하여 시제품 형태의 서비스를 구현해 볼 수 있는 지식으로 활용할 수 있기를 바란다.

차 례

제3장 IoT 무선 네트워크 구성

제4장 IoT 플랫폼

제5장 IoT 기술 표준

제6장 IoT 접속 기술의 구성

제7장 전력 IoT 감시 서비스

제1장

전력 IoT

설비상태 감시를 위한
전력IoT

01
4차 산업혁명

4차 산업혁명(Fourth Industrial Revolution)이란 말은 2016년 세계경제포럼 연설에서 당시 의장인 클라우스 슈밥이 처음 사용하였다. 그는 그곳에서 "지금까지 살아왔던 삶의 방식을 뿌리부터 바꿀 기술 혁명이 직전에 있다. '4차 산업혁명'은 그 속도와 파급 효과가 이전의 혁명과 비교도 안 될 정도로 빠르고 광범위하게 일어날 것이다."라고 하였다.

그림 1.1 클라우스 슈밥, 2016년 세계경제포럼의 연설에서 '4차 산업혁명' 언급

4차 산업혁명은 독일의 'Industry 4.0' 개념을 확대하여 강조한 것으로 자국의 국가 경쟁력을 키우기 위해 제조업 분야의 혁신 전략을 제시한 것이다.

이는 제조 설비와 생산품 간의 정보 교환이 가능한 지능화 생산체계를 구축하고 제조공정을 효율화하는 4세대 산업시스템, 즉 스마트 공장(Smart Factory)을 이야기 한다. 과거에는 일련의 공정으로 제품을 빠르고 대량으로 생산하는 시스템이었다면, Industry 4.0은 각 공정이 지능화되어 각각의 공정이 유연하게 연계될 수 있어 고객의 다양한 주문에도 맞춤형 제품을 생산할 수 있는 스마트 시스템으로 변화할 수 있다. 이와 같이 4차 산업혁명에는 다양성이 인정되고 더욱 확대되는 미래 사회의 모습이 반영되고 있다.

그림 1.2 4차 산업혁명의 단계

혁명은 그 시대의 생활 모습을 혁신적으로 변화시킨다. 18세기 산업혁명은 증기기관의 등장으로 기계화 시대를 열었고, 19~20세기 초반에 걸쳐서는 전기 모터와 제어 기술을 통해 대량생산과 더불어 눈부신 산업 및 기술의 발전을 이루었다. 그리고 20세기 후반부터는 반도체가 대규모로 집적화되고, 데스크톱 컴퓨터는 모바일로 발전하였으며 인터넷의 발전으로 지식정보 혁명을 이루었다. 혁명을 주도한 혁신기술은 등장 순간부터 주목을 받았지만, 사람들의 생활 저변까지 영향을 미치기까지에는 상당한 시간이 걸렸다. 기술이 발전하고 성숙하여 전파되는데 시간이 필요하기 때문이다. 하지만 인터넷 정보화 시대를 통해 혁신기술의 수명주기가 급속도로 짧아졌고 매우 빠르게 삶 속으로 반영되고 있다. 4차 산업혁명 시대에는 그 어떤 시대보다 급격한 변화가 있을 것으로 기대된다. 기술의 빠른 변화에 유연하게 적응할 수 있는 능력이 기술 생존뿐만 아니라 시장 경쟁력의 관건이 될 것이다.

4차 산업혁명은 산업 여러 분야에서 진행되고 있다. 각 분야에서 스마트화, 지능화된 시스템을 구현하기 위한 스마트 시티, 스마트 그리드, 스마트 빌딩 등의 다양한 사업이 진행되고 있다. 정보를 연계한 지능화 기술, 즉 초연결, 초 지능화 기술이 혁신적 변화를 주도할 것이다. 이러한 4차 산업혁명은 ICT 혁신기술의 등장을 배경으로 하고 있다. AICBM[AI(Artificial Intelligence, 인공지능), IoT, 클라우드, 빅데이터, 모바일]으로 ICT 혁신기술을 표현하기도 한다. 그리고 로봇, 드론, AR/VR, 3D 프린팅 등의 기술도 삶을 크게 변화시킬 것이라 기대하고 있다. 하지만 ICT 혁신기술이 지속해서 발전하고, 산업 전반에서 융합기술이 개발되어 활성화되기 위해서는 '기술 생태계'의 구축이 매우 중요하다. 기술의 수요와 개발이 선순환 구조로 상승효과를 가질 때 혁신이 구현될 것이다.

02

IoT(Internet of Things; 사물인터넷)

> IoT란, 정보를 제공하는 개방형 플랫폼을 활용하여 누구나 서비스를 개발, 제공할 수 있는 Open Innovation 생태계를 구축함으로써 창의적 아이디어가 서비스로 실현되어 구성원의 잠재력이 극대화될 수 있는 환경을 제공하는 것
>
> – 미래부

가까운 미래에 트릴리언 센서 시대(1조 개의 센서)가 도래하고, 모든 사물의 정보가 인터넷으로 연결될 것으로 예상한다. 수집된 정보는 유기적으로 결합하고 창의적인 서비스는 A.I. 기술로 구현될 것이다. AI 응용서비스가 제공되기 위해서는 디바이스, 네트워크, 서비스 플랫폼 그리고 관리와 A.I. 기술이 필요하다. 스마트센서, 무선 네트워크, 플랫폼, 인터넷 서비스가 하나의 시스템으로 구성되어야 하고 각 요소의 기술이 발전을 거듭할 수 있어야 한다. 스마트센서와 응용서비스는 현장의 요구사항에 최적화되고 특화되는 반면에 네트워크와 플랫폼은 다양한 서비스를 수용할 수 있도록 많은 참여 구성원들이 자유롭게 활용할 수 있는 편의성과 보편성을 가지는 것이 필요하다. 과거에는 사물의 정보를 수집하기 위한 네트워크의 연결에 중심을 둔 WSN(Wireless Sensor Network), USN(Ubiquitous Sensor Network) 등으로 발전했다. IoT 시대에는 기존

WSN, USN 기술에 덧붙여 open innovation 생태계, 창의적 서비스 실현을 위한 환경까지 포함하는 기술을 이야기한다.

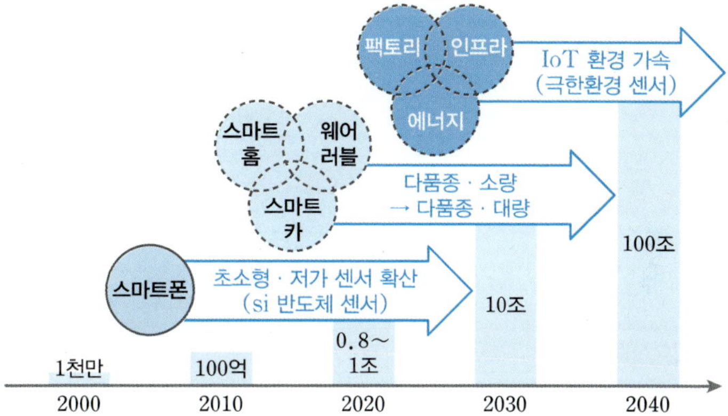

자료 : Janusz Bryzek(2013), BCC Research(2017) 수정
주 : 2000~2010년 자료는 MEMS(Micro Electronic Mechanical Systems) 센서 기준

그림 1.3 4차산업혁명에 따른 IoT 시장전망

IoT는 하나의 개념으로 정의하기 어렵다. 사람과 사물, 사물과 사물, 사물과 시스템 간을 상호 네트워크를 구성하여 정보를 주고받는 기술 그리고 이를 통한 응용서비스와 관련된 제반기술들을 총칭한다. 특히 세계적으로 확장된 유무선의 인터넷망을 활용하여 각종 디지털 정보를 교환하는 것은 타 어떤 시스템을 활용하는 것보다 경제적이며 효율적이다. 그리고 인터넷에 연계된 디지털 정보를 활용한다면 무궁무진한 응용 분야를 발굴할 수 있을 것이다. 과거 수직적 구조의 정보 시스템의 폐쇄적인 정보를 IoT를 기반으로 상호 공유할 수 있도록 표준화 사업이 전개되고 있고, 이에 부합된 IoT 시스템을 구축하고자 노력하고 있다.

<table>
<tr><th colspan="2">구분</th><th>2018</th><th>2019</th><th>2020</th><th>2021</th><th>2022</th><th>2023</th></tr>
<tr><td rowspan="3">달성 목표</td><td>서비스</td><td>긴급구난체계 서비스</td><td colspan="2">데이터중심 스마트시티</td><td colspan="2">임무중심 공공 IoT 서비스</td><td>자율형 센싱 서비스</td></tr>
<tr><td rowspan="2">제품</td><td>지능형 IoT 디바이스</td><td colspan="2">초소형 Disposable IoT 디바이스</td><td>복합환경센서</td><td>다중 영상센서</td><td>디지털지능트윈</td></tr>
<tr><td>개방형 표준 IoT 디바이스 SW1)</td><td>초소형 레이더 안전관리시스템</td><td>엣지 GW</td><td>경량 데이터분석기</td><td>자율형 GW</td><td>사물 협업 기능</td></tr>
<tr><td rowspan="4">자율형 IoT 네트워크</td><td rowspan="4">응용 개발</td><td>저전력광역 (LPWA) IoT 네트워크</td><td colspan="3">자율제어 IoT 네트워크</td><td colspan="2">고신뢰-저지연 IoT 인프라</td></tr>
<tr><td>자율 협업 IoT</td><td>GW2)</td><td colspan="2">협업기반 프로그래머블 IoT GW 기술</td><td colspan="2">이종 IoT 연결성 및 모바일 IoT 네트워크 GW 기술</td></tr>
<tr><td rowspan="2">IoT 가상 네트워크</td><td></td><td colspan="3">SW 정의 이종 IoT 네트워크 스위치 기술</td><td></td></tr>
<tr><td></td><td></td><td colspan="3">이종 IoT 로컬 네트워크 가상화 기술</td></tr>
</table>

그림 1.4 사물인터넷 기술로드맵(정부)

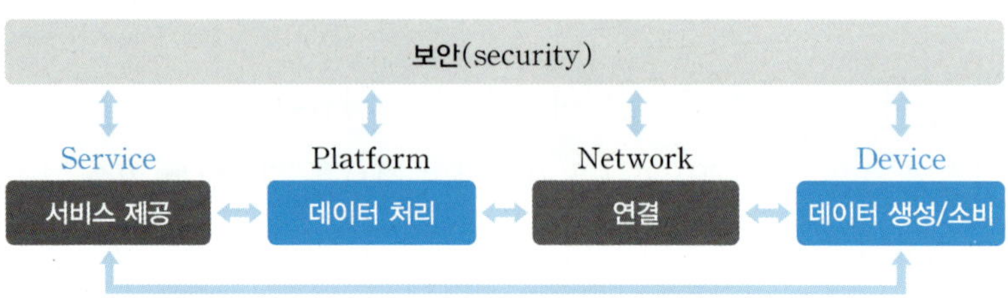

그림 1.5 IoT의 구조

1) SW : 소프트웨어

2) GW : 게이트웨어

IoT의 기본 구조는 각 구조의 앞글자를 딴 이 S-P-N-D-Se(Service, Platform, Network, Device, Security)로 표현된다. 스마트폰 시대를 넘어서 IoT 시대에는 네트워크뿐만 아니라 디바이스로부터 서비스에 이르기까지 종단 간(end-to-end) 보안이 확보되고 유기적으로 연결되어 상호 호환성을 전제로 진화하는 글로벌 생태계이다.

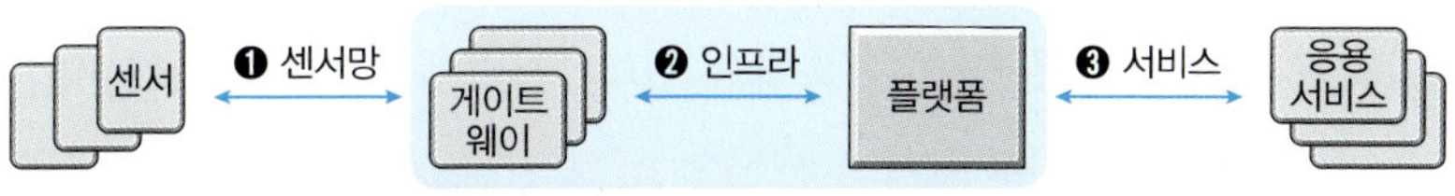

❶ 센서망 : PAN, WLAN, LPWAN
❷ 인프라 : 전국적인 전력 통신망 활용
❸ 서비스 : 설비 모니터링 등 통합 IoT 서비스

그림 1.6 센서 네트워크 또는 IoT 시스템 개념도

우리나라 정부의 정책 목표는 다국적 기업과 중소기업, 신생 기업을 위한 개방형 파트너쉽, 생태계 환경지원 등을 추진하는 것이다. 이를 위하여 창의적 IoT, 클라우드, 빅데이터 그리고 모바일 융합형 서비스를 개발하여 이를 선도하고 있으며, 안전한 인프라 구축을 위해 IoT 혁신센터에 보안 테스트 환경을 조성하고 보안을 갖춘 정보보호 인프라를 개발하고 있다. 또한, 통신량 폭증에 대비한 인프라를 확대하고 있고, 정보통신 전략위원회를 중심으로 각 분야에서 발생할 수 있는 시장에 역행하는 규제들을 해결하고자 노력하고 있으며, 창조경제 혁신이라는 모토로 IoT 분야는 각종 기기를 특화하여 우수한 아이디어를 발굴하고 있다.

03 전력 IoT

전력 분야에서도 IoT를 적용하여 새로운 패러다임의 전원관리와 효율적 전력 공급을 하기 위해 많은 노력을 기울이고 있다. 전력계통은 국가 기반시설로서 IOT 서비스를 개발하는데 까다로운 규제를 충족해야 하고 해결해야 할 기술들이 많이 있다. 배전 분야에는 '배전지능화시스템'이라는 ICT(Information & Communication Technology) 기술을 접목한 대표적 운영시스템이 있다. 그 이외에도 배전 전력구 종합감시시스템, AMI(Advanced Metering Infrastructure) 등 여러 시스템을 운영하고 있다. 실시간, 원격감시 및 제어 기술은 이미 구축되어 있고 운영기술을 지속적으로 고도화하고 있다. 기존 ICT 기술과 기반을 최대한 활용하여 경제적이고 효율적으로 IoT 기술을 구현하는 것이 중요하다. 전력 분야, 특히 배전 설비 상태감시, 고장예측을 위해 추진하고 있는 IoT 기술 분야를 '전력 IoT'라고 말하고 있다. IoT 기술이 적용된 전력 IoT는 저비용으로 전력설비를 실시간으로 감시할 수 있는 인프라를 구축하고 비상시 신속하게 대응할 수 있는 운영 잠재력을 높이고, 설비와 계통을 효율적으로 관리할 수 있는 기반기술이 될 것으로 기대된다.

전국에 분포된 전력설비에 스마트센서를 적용하여 인터넷으로 정보를 주고받을 수 있도록 하는 **전력 설비 지능화** 기술을 전력 IoT라고 한다.

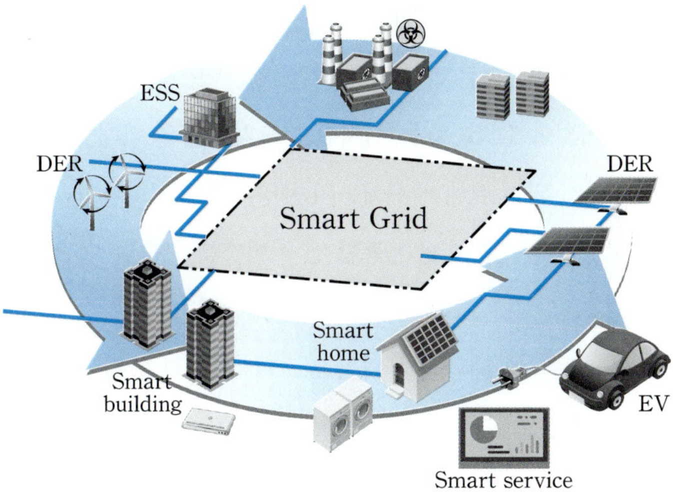

그림 1.7 미래 배전계통의 모습[3]

전력산업 분야에서도 큰 변화가 이루어지고 있다. 지구 온난화 문제와 온실가스 감축 제도의 시행에 따라 친환경 설비의 개발, 신재생 에너지 자원이 확대되고 있다. 특히, 배전 선로를 진단・감시하는 기술발전은 무엇보다 필요한 실정이다. 다양한 분산전원과 전기자동차의 연동, 에너지 참여형 소비자의 등장으로 미래 배전계통은 매우 복잡해지고 계통 조작 시 운영자가 직관적으로 판단할 수 없게 되어 계통 운영을 위한 의사결정 도구가 필요해진다. 따라서 전압, 전류 정보 외에도 다양한 계통의 환경 정보, 상태정보를 수집하고 타

3) ESS : Energy Storage System, DER : Distributed Energy Resource, EV : Electric Vehicle

시스템의 정보와 연계한 종합적인 분석과 판단이 이루어져야 할 것이다. 이를 위해서는 먼저 IoT 기술을 활용하여 현장 설비의 상태정보, 환경 정보 등을 수집하고 빅데이터 기술로 대규모 데이터를 처리, 분석하여 데이터 마이닝, 인공지능 기계학습 등 최신기술의 단계적인 응용이 필요하다. 또한, 분석된 현장정보를 운영자에게 효율적으로 전달하기 위한 AR, VR 등의 다양한 시각화 기술의 활용도 이루어져야 할 것이다. 이처럼 IoT 시스템은 미래 혁신기술 구현을 위한 기반 시스템이 되어 미래 배전계통의 운영기술 고도화뿐만 아니라 타 분야의 시스템과 정보를 공유하여 융・복합 신 서비스를 창출할 수 있을 것으로 기대된다.

배전 설비는 전국에 분산 설치되어 있으며, 고객과 인접할 뿐만 아니라 여러 시스템을 운영하고 있어 전국 규모의 서비스망을 확보하고 있다. 따라서 IoT 기술을 도입하고 응용서비스를 개발하기에 유리한 조건이라 할 수 있다. 배전 분야에서 IoT 서비스를 구축하기 위해서는 서비스 대상에 따라 IoT 구성

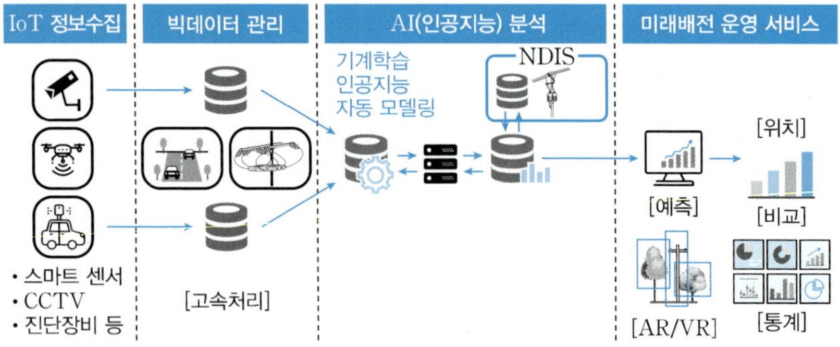

그림 1.8 AICBM 기술을 활용한 미래배전 운영기술의 개발 개념도

요소를 최적화하여 개발하여야 한다. 그리고 표준화, 호환성을 기반으로 구축함으로서 전력산업 분야 전반으로 IoT 기술의 확장성을 확보할 수 있을 것이다.

전력 IoT 요구사항

배전망은 고객에게 최고의 신뢰성으로 전기를 공급하는 망이므로 정전 없이 항상 정상적으로 유지되어야 하며, 불가피하게 고장이 발생했을 경우 빠르게 이를 알아내어 필요한 조치를 해야 한다. 따라서 배전 설비 관리 및 감시를 위한 ICT 시스템은 다음의 요소들을 고려하여 반영할 필요가 있다.

- 설비의 감시 요소
  - 변압기, 개폐기, 차단기, 전주 등 주요 배전 설비의 상태 및 이상 신호
  - 지중 설비운영을 위한 설비 및 구조물의 상태, 침수, 유해가스 등
  - 설비운영을 위한 온도, 습도, 풍속 등 환경, 기상정보
- 감시 장치 운영 요소
  - 전력소비량을 고려한 적정 신호검출 주기
  - 신속 대응을 위한 특정 이벤트 전송
  - 무선 통신 방식 및 데이터의 보안 방식
- 현장 적응 요소
  - 센서의 부착 위치를 고려한 센서 디바이스 구조
  - 고전계, 고자계 환경에서의 센서 통신 및 신호검출 내성
  - 센서 탈부착이 쉽고, 옥외 환경에서의 생활 방수 기능

- 자율 네트워크 형성으로 관리가 편하고, 일부가 고장 나더라도 지속해서 운영 가능한 네트워크 형태 등

IoT 기반기술이 확보되면 응용서비스는 다양하고 유연하게 개발하여 활용할 수 있을 것이다. 전력 IoT의 대표 응용서비스로 '배전 설비 실시간 감시시스템'이 구축되고 있으며 이를 이용하여 상태기반의 설비 자산관리가 가능해질 것이다. '배전 설비 실시간감시 기술'을 위한 IoT 시스템은 기술발전 동향과 현장도입 여건을 고려하여 점진적으로 추진되고 있다.

2014년 말 중장기 계획을 수립하고 IoT 플랫폼, 디바이스, 운영기술 개발을 위해 연구과제를 착수하였다. 2016~2017년에 스마트센서 2,000여 대를 경기도 안산, 대구, 광주 시범사업지에 설치하고 IoT 시스템을 운영하고 있다. 2019년에는 스마트센서와 시스템을 개선하여 3차 시범사업을 추진하여 2020년 말에 3,500개의 스마트센서를 대전, 대구지역에 설치하여 안정적으로 시스템을 운영하고 있다. 지속해서 시스템 운영기술을 축적하고 A.I. 응용서비스를 개발하고 있어 머지않아 고장예측, 상태추론 기술이 구현되고 최적의 설비 자산관리를 통해 설비의 운영수명이 연장되고 운영비용이 절감될 것이라 기대된다.

표 1.1 IoT 기반 배전 설비 실시간 감시서비스 개념

구분	순시/진단	IoT
기본개념	단일센서 정보, 단방향 판단	복합센서 정보, 융복합 판단
계 측	미소 신호, 고감도(PD, 초음파 등)	이상 신호, 저감도 등
연산장치	고속 대용량 신호처리	저속 경량 신속 처리
통신 방식	유선 통신, 원거리 검출	근거리, 장거리 무선 통신
정 보 량	순시치, 수[Mb]	처리결과, 수십[kb]
가 격	고가	저가
구동 전원	상용전원, 수십[W]	배터리, EH[4] 전원, 수십[mW]
시 스 템	비표준	표준

표는 전력 IoT 서비스의 개념을 나타낸다. 현장을 순시하여 설비를 점검하는 유지보수를 주로 시행하고 있다. 순시 중 사용하는 진단 장비는 고성능의 비싼 장비이다. 가공 배전 선로를 진단할 경우 전주 위에 설치된 애자, 변압기, 개폐기 등과 같은 설비에서 발생하는 이상 신호를 20m 이상(전주 위에 설치된 설비와의 대략적 거리)의 거리에서 검출하여 상태를 판단해야 하기 때문이다. 전국에 설치된 모든 배전 설비(예로 전국에는 약 천만 기에 달하는 배전용 전주가 있다.)를 순시, 점검하기에는 시간, 인력, 비용이 크게 발생하여 경제적인 점검방법이 필요하다.

배전계통에서 자동화된 설비는 전압, 전류 센서를 가지고 있어 고장을 감지한다. 하지만 그 수가 적어 고장위치를 정확하게 찾기 위해서는 현장 점검이 필요하다. 따라서 경량의 스마트센서를 설치하게 되면 빠르게 상태 정보를 자산관리에 활용하고 고장에 신속하게 대응할 수 있을 것이다.

4) 에너지 하베스팅

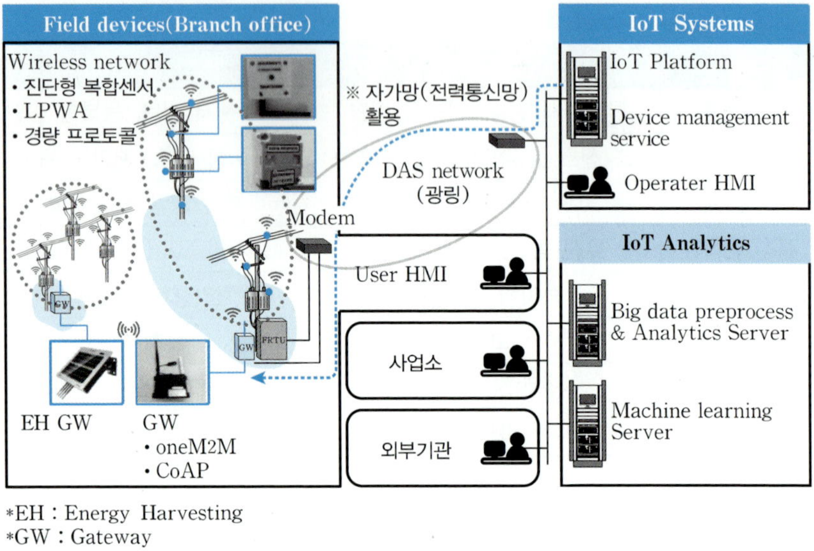

그림 1.9 전력 IoT 운영 시스템 개념도

요주의 설비나 중요 설비를 상시 감시할 수도 있어 순시, 점검, 진단 활동을 줄일 수 있고, 상태 정보, 추세분석을 통해 예측모델을 구축할 수 있어 매우 실용적이다. 앞으로는 미래 배전망 운영을 위한 상태예측 시스템으로 발전할 것이다.

IoT 시스템이 구축되기 위해서는 가치사슬(Value chain)의 핵심기술이 동반 발전할 필요가 있다. 기반기술 개발과제를 통해 응용 관점에서 관련 요소기술들을 확보하고 발전시켜 나가야 할 것이다. 이에 따라, 관련 기업의 참여와 협력을 통해 기술 개발이 원활히 이루어질 수 있어, 관련 기술의 공유, 서비스 분야의 특성과 환경 정보가 개방되고 융합되어야 한다.

표 1.2 전력 IoT의 가치사슬

세부산업	요소기술	제품/서비스
Smart Sensor	• 물리·화학적 계측기술 • 센서 소형화 기술 – MEMS, SoC • 스마트센서 시스템 설계 • Embedded Software – 신호 처리, 패턴 인식	• 시스템반도체, AI 반도체 – 센서 허브 MCU, 엣지 컴퓨팅 • IoT 응용 모듈 • 스마트센서 H/W • 스마트센서 S/W
게이트웨이 / Network	• 유무선 네트워크 • 프로토콜 통합기술 • 망 접속기술 – 암호화, IPv6 연계 • 게이트웨이 운영기술	• 게이트웨이 • 무선 통신모듈 – RFID, Zigbee, Wifi, CDMA, LTE, LoRaWAN • 통신 장비 – PLC, 광통신
IoT & 서비스 플랫폼	• 융합 서비스 플랫폼 • 서비스 인터페이스 • Mash-up 기술 • 플랫폼 간 연계 • 정보보안	• Open IoT 플랫폼 • IoT 종합관리솔루션 • 단위(업무) 서비스 • 정보보안설비 • DB, 미들웨어 Sys.
빅데이터 / A.I.	• 인공지능 기술 • 빅데이터 활용기술 • 증강현실 기술 • API 기술 • 사용자인터페이스	• AI & Analytic – 기계학습, 예측 • Open API • SDK(Software Develop Kit) • 클라우드 서비스

발전, 송·변전, 배전, 판매 등 전력계통 각 분야는 분야별 대표적인 운영 시스템이 있다. 기존의 시스템은 서비스 분야의 특성에 맞게 운영절차를 가지고 동작 특성에 최적화된 전용 서버를 가지는 전문화된 시스템으로 독립적이며 폐쇄적이다. IoT 시스템은 기존 시스템과 달리 시스템 간 정보 공유가 가능하다. ICT 기술이 급격하게 변화하고 발전하여도 유연하게 새로운 기술을 도

표 1.3 배전 선로의 적용환경

선로 특징	개발 방향	내 용
특고압 선로	장수명 센서 노드	22.9kV 계통 작업 어려움, 작업 비용 높음 → 소형, 저전력 센서 필요
가공 계통	장거리 무선 통신	가공선로 광역 감시(전주 간격 30~50m) → 수 km의 무선 통신 필요
지중 계통	유무선 복합 전력변환 모듈	관로, 맨홀 등 지중감시(광통신, 디바이스 전력 확보) → 광섬유 센서, 전력용 CT 적용 등
자동화 통신망	자체망 활용	기설 광통신망 활용 → 분할 연계 등 망 운영 및 자가망 구성
통신 단말기	통신 단말기 고성능화	FRTU[5], DCU[6]등 통신장비 및 인프라 공동 활용 → 다양한 통신 방식 수용하는 고기능 GW 개발

입하여 성능을 향상시키고 시스템을 확장하여 창의적이고 고객 맞춤형의 서비스를 쉽게 구축할 수 있는 IoT 시스템이 필요하다.

배전 선로에 적용되는 스마트센서는 저전력 장거리 통신이 가능해야 하며 한 가지 값이 아닌, 여러 가지 상태정보를 취득할 수 있는 복합센서 형태로 개발되어야 한다. 그리고 전력 IoT 시스템을 경제적이고 효율적으로 구축하기 위해서는 전력 통신망을 최대한 활용할 수 있도록 구성하고 기존의 통신 단말기를 사용할 수 있도록 개발할 필요가 있다. 그리고 효율적인 디바이스의 개발, 네트워크의 확보, 인터페이스 구성, 단말관리, 서비스 연계 등의 기술이 필요하다.

5) Feeder Remote Terminal Unit: 배전 자동화 단말장치

6) Data Concentration Unit: 데이터 집중 장치

센서 네트워크의 가장 큰 장점인 실시간으로 데이터를 취득하고 감시할 수 있다는 것은 전력설비 현장에 나가 일일이 점검할 필요가 없다는 뜻이며, 이는 곧 현장 점검 인력 및 그에 따른 비용을 줄일 수 있다는 것을 의미한다. 데이터 분석을 통해 현장의 어느 곳이 문제인지 먼저 파악할 수 있으므로 설비 고장의 예측이 가능하다. 또한, 실시간으로 데이터 분석을 하게 되므로 문제에 대한 대안이나 해결이 더욱 빠르게 이루어질 수 있다.

새로운 IoT 환경에서 새로운 운영기술을 발굴하고 활용하기 위해서는 IoT 시스템의 각 요소기술에 대한 충분한 이해가 필요하다. 창의적인 서비스를 설계하고 검증하기 위해서는 시스템 특성을 반영한 기술이어야 할 것이다. 다음 장에서는 플랫폼, 스마트센서, 응용서비스에서 최소한으로 필요한 기술 현황과 설계에 대한 기초 지식을 소개한다.

앞서 언급하였듯, IoT의 구조는 각 현장에 있는 디바이스(센서, 액추에이터 등), 네트워크, 플랫폼으로 구성되어 있고 최종 사용자에게 웹서비스 형태로 제공된다. 본 책에서는 이러한 구조에 따라 IoT의 구성요소 및 표준, 구성 모델을 소개하며 마지막으로 전력 IoT의 감시서비스를 다룬다.

제2장

스마트센서 플랫폼

설비상태 감시를 위한
전력IoT

스마트센서의 무선 통신 운영기술인 WSN(Wireless Sensor Network)는 1980년경 미국의 DARPA(Defence Advanced Research Projects Agency)의 DSN(Distributed Sensor Networks) 프로그램에서 전문적으로 다루기 시작하였다. 이 연구의 목적은 대규모로 분산된 무선센서들의 네트워크 구축기술을 개발하는 것이었다. 이를 위하여 저비용의 무선센서 노드 상호 간에 정보를 자동으로 전달할 수 있도록 연구하였다. 지금은 흔히 쓰고 있는 개인용 컴퓨터가 드물었고 인터넷이라는 개념이 만들어지던 시기였다.

컴퓨터, 무선 통신 기술의 발전으로 스마트센서는 점점 작아지고 가격은 내려가게 되어 WSN는 1990년 후반에 새로운 전환기를 맞았다. 2001년 DARPA에서는 'SensIT(Sensor Information Technology)'라는 연구 프로그램을 시작하였다. 그리고 같은 시기에 IEEE(Institute of Electrical and Electronics Engineers)에

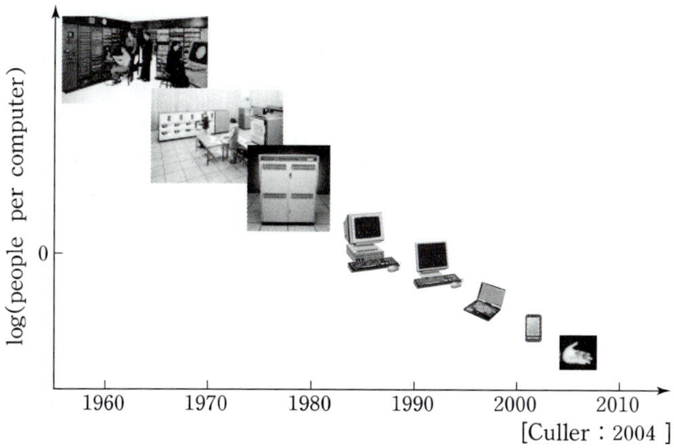

그림 2.1 컴퓨터의 발전

[출처] Qinghua Wang, Ilangko Balasingham, "Wireless Sensor Networks – An Introduction", ResearchGate, 2010

서는 센서 네트워크 기술에 대한 표준화 작업을 시작하였고, IEEE 802. 15.4 표준이 정의되었다. 지금은 WSN이 미래를 위한 중요한 기술임에 분명하고 IoT 시대를 맞아 거듭 발전하고 있다.

WSN에서 사용된 스마트센서는 소형 크기에 처리 성능, 메모리, 통신 속도 등의 성능이 경량화된 센서이다. 전력 소비가 적어 배터리를 사용하더라도 3~5년 정도 운영할 수 있어야 한다. 또한, 동작 환경에 따라 온도, 습도, 먼지, 전계 등의 극한의 상황에서도 동작할 수 있는 내구성이 필요하다.

WSN과 대비되는 또 다른 네트워크 개념으로는, 1988년 제록스 PAR(Palo Alto Research Center)의 마크이저가 제창한 USN(Ubiquitous Sensor Network)이 있다. 유비쿼터스는 '언제 어디에나 존재한다'라는 뜻의 라틴어이다. 인식정보를 제공하는 RFID(Radio Frequency IDentification) 기술과 이에 각종 계측 기능을 추가한 센서의 네트워크를 통한 응용서비스를 말한다.

WSN, USN 등 지능화된 센서와 네트워크를 통해 다양한 정보를 수집하여 응용서비스를 구현하는 기술은 끊임없이 발전해 오고 있다. 기존에는 센서 간의 네트워크, 멀티 홉 통신의 효율적인 운영기술을 중요하게 다루었으나, 앞으로는 응용서비스의 활용이 더욱 중요해질 것이다. 수집된 정보를 통해 어떤 상황인지 파악하는 것과 이를 어떻게 사용할 것인가를 정확하게 판단하는 '상황인식' 기술의 발전이 무엇보다 필요하다. IoT는 센서 네트워크뿐만 아니라 응용서비스 간에도 연계하여 정보를 공유, 확장할 수 있는 환경까지 제공하는 기술을 말한다. 이를 통해 더욱 강화된 '상황인식' 기술이 이루어지고 최적의 맞춤형 서비스가 이루어질 수 있을 것이다.

- **WSN**(Wireless Sensor Network)

  무선센서의 연계기술 중심의 서비스. 검출신호의 수집, 분석을 통한 응용서비스를 구현하는 기술

- **USN**(Ubiquitous Sensor Network)

  환경과 상황에 대한 자동 인지를 통해 정보를 수집하고, 수집된 정보를 기반으로 사용자에게 최적의 정보와 서비스를 제공하는 기술

- **IoT**(Internet of Things)

  플랫폼을 통한 서비스의 확장성, 유연성, 센서와 서비스의 유기적 연계 및 응용서비스 간의 연계 등을 고려한 기술

01 스마트센서

IoT 생태계의 말단에 있는 '사물(Things)'은 수집정보 종류, 동작 형태, 사람과의 인터페이스 구성 등에 따라 다양한 형태의 IoT 단말 장치(디바이스, 장치)로 존재한다. 스마트센서(Smart sensor or Sensor node), 구동기(Actuator), 제어기(Controller), 스마트폰, 증강현실(Augmented Reality), 가상현실(Virtual Reality) 등이 그 종류이며, 그중에서 스마트센서는 정보의 수집, 상태감시를 위해 구동기와 제어기는 시스템의 신뢰도, 수집정보의 정밀도, 판단의 정확도를 높이고, 보안이 확보될 경우 활용도가 높아질 것이다. 그리고 효율적인 인터페이스를 위한 AR, VR 기술을 접목할 필요가 있다.

센서(Sensor)는 라틴어 'Sens-'에서 유래된 말로 '감지하다'라는 의미가 있다. 물리량, 화학량 등의 정보를 감지하여 전기신호로 변환하는 기능을 가진 소자이다. 이 단일 소자로 구성된 것이 기본 센서이며, 다른 소자, 변환장치, 회로 등을 조합하여 구성한 조립 센서가 있다. 그리고 이와 기타 장치를 조합하여 구성한 응용 센서가 있다. 단위 소자로 구성된 센서와 기타 회로와 센서를 모듈로 구성한 것, 이들 모두를 계측부라는 의미로 센서라 통칭하는 경향이 있어 한편으로 혼돈이 생길 수 있다.

기존 센서들이 특정한 물리, 화학, 기계적 변화를 감시하는 수준에 머물

렀다면, 현재의 센서들은 감지한 신호를 전달해 중앙처리장치가 어떠한 판단을 내리도록 지원하는 형태인 스마트센서로 발전하고 있다. 가령, 센서에 SoC (System on Chip) 기술을 접목하여 데이터 처리, 자기진단, 의사결정, 통신 등의 기능을 수행하게 함으로써 대상을 감지하고 사물이 반응하게 하는 기술은 스마트 공장뿐만 아니라 IoT 전체의 핵심 요소로 주목받고 있다.

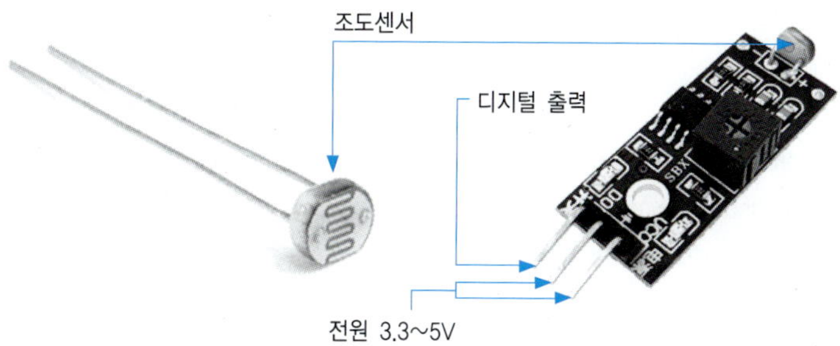

그림 2.2 센서(조도)와 센서 모듈(조립 센서) 예

스마트센서는 조립형 또는 응용 센서뿐만 아니라 신호처리가 가능한 연산장치와 통신 모듈을 포함하고 있어 측정된 데이터를 정보로 변환할 수 있고, 그 정보를 서버나 고객에게 전달할 수 있다. 특히 주로 무선 통신을 사용하여 거추장스러운 통신선이 없고 처리기능을 가지고 있는 지능형 센서(intelligent sensor)이기도 하다. 미국 항공우주국(NASA)의 우주선 개발 과정에서 인간의 지각 능력과 판단력을 가진 센서를 스마트센서라고 지칭하기도 했다.

최근에는 수집한 정보를 중앙으로 보내지 않고 현장 또는 주변에서 실시간으로 처리하여 정보처리 시간을 빠르게 하고, 통신망 사용량도 줄이는 엣지 컴퓨팅 방식의 센서 개발도 활성화되고 있다.

센싱 기능 외에 통신, 데이터 처리, 의사결정 기능을 추가로 갖춘 센서를 의미. 스마트 공장, 자율주행자동차, 모바일기기, 의료기기 등 다양한 영역에 활용이 가능하며 빠른 시장 확대가 예상됨

– 스마트제조 R&D 중장기 로드맵

Smart sensors are defined as sensors with small memory and standardized physical connection to enable the communication with processor and data network.

– [출처] IEEE Std. 1451.2–1997

IEEE Standard for a Smart Transducer Interface for Sensors and Actuators – Transducer to Microprocessor Communication Protocols & TEDS Formats

스마트센서는 검출부, 처리부, 통신부, 전원부와 같은 하드웨어와 운영 소프트웨어로 구성된다. 하드웨어는 센서와 관련된 회로와 소자를 일체화되는 부분으로 반도체 공정을 통해 마이크로 시스템으로 구현할 수 있다. 센서에 지능을 부가하기 위해 MCU(Micro–Controller Unit), DSP(Digital Signal Processor)와 같은 처리장치가 추가되거나, 신호 전처리 회로가 추가되기도 하는데 ASIC (Application–Specific Integrated Circuit) 기술이 적용되기도 한다. IoT 시대에 들어 스마트센서는 무선 통신 모듈까지 포함되어 정보를 전달하는 연결 기능까지 확대되었다.

스마트센서의 소프트웨어는 측정 신호의 적절한 신호처리 및 유의미한 정보로 가공하는 방식 그리고 그 정보 전송을 위한 통신 절차 등에 대한 프로그래밍에 해당된다. 하드웨어의 기본적인 성능을 소프트웨어를 통해 효율적으

로 수행하거나 부가적인 정보로 가공할 수 있다. 이러한 프로그램은 스마트센서의 소비전력에 영향을 주고, 스마트센서의 전원 용량 내에서 이루어지게 된다. 플랫폼, 응용서비스에서의 소프트웨어와 성격은 같으나 처리 성능, 전원 성능과 정보의 범위에서 큰 차이가 있다. 보다 부가가치가 높은 응용서비스를 위해 가치 있는 정보를 전송하는 것이 스마트센서 소프트웨어의 역할이 될 것이다.

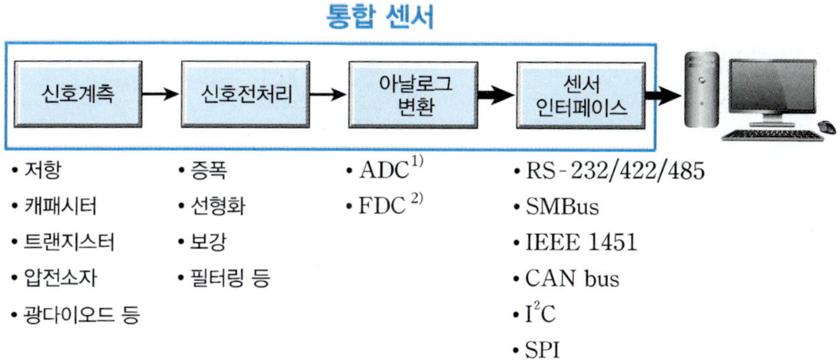

그림 2.3 스마트 센서 개념도

1990년 후반, UC Berkeley에서 스마트 빌딩을 위해 초기 스마트센서를 개발한 이래로, 반도체 제작공정의 발전과 더불어 스마트센서는 계측 소자와 신호처리가 결합하여 데이터를 처리하고, 자동보정, 자기진단, 의사결정 기능을 수행하는 소형, 경량, 고성능, 다기능, 고편의성, 고부가가치 센서로 발전되고 있으며, 형상에 있어서 경량화, 복합화가 꾸준히 진행되고 있다. 또한, 기존 산업용 센서는 벌크형 센서로 크기에 상관없이 특정 기능만을 구현했으

1) ADC : Analog-to-Digital Converter

2) FDC : Fault Detection and Classification

나, 모바일 IT 시대 도래 이후에는 MEMS(Micro-Electro-Mechanical System) 기술, 재료 기술, SoC 기술, 내장 소프트웨어, 인공지능 기술 등을 활용한 초소형 센서가 중심이 되었다. 이후 벌크형 센서와 초소형 센서가 하나의 반도체 칩 안에 집적화된 센서, 하나의 칩으로 동시에 구현하거나 두 가지 이상의 센서를 하나로 통합한 융·복합 센서가 중심이 되고 있다.

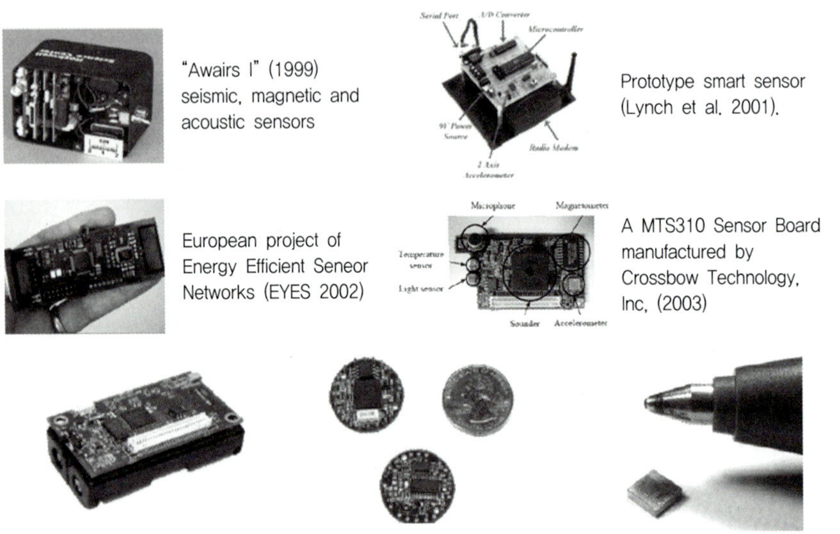

"Awairs I" (1999) seismic, magnetic and acoustic sensors

Prototype smart sensor (Lynch et al. 2001).

European project of Energy Efficient Seneor Networks (EYES 2002)

A MTS310 Sensor Board manufactured by Crossbow Technology, Inc. (2003)

Berkeley-mote Mica2

Berkeley-mote Mica2dot

UC Berkeley "Smart Dust" Prototype

그림 2.4 U.C. Berkely의 스마트센서 개발사례

센서에 사용되는 주요 핵심기술은 MEMS 기술, 소재 기술, SoC 기술, 내장 소프트웨어, 인공지능 기술 등으로 각 기술의 결합을 통해 저전력/고정밀 센서를 단일 칩 형태로 구현할 수 있다. 시장성 관점에서 센서가 주로 활용되는 영역은 크게 3가지로 구분할 수 있다.

• 실시간으로 설비상태를 감시하고 장비를 원격으로 제어하는 설비 유지, 관리 분야

• 에너지 소비량과 환경오염도 등을 파악하고 원인을 분석하는 에너지/환경 효율화 분야

• 재고 수량 정보를 자동으로 전송하거나 적정 재고량을 분석하는 등의 물류 효율화 분야

최근에는 공장 안의 미세 먼지를 감시하여 제품의 불량률 감소와 작업 환경 개선 역할을 하는 미세 먼지 센서와 온도와 습도 센서를 결합한 복합센서 등이 제품화되고 있다. 또한, 다른 분야로는 재고 수량 정보 등을 필요로 하는 스마트 물류 관련 제품들이 개발되어 있다.[3)]

재료 측면에서는 센서의 감도와 저전력 구동을 위하여 나노 입자, 나노 선, 나노 튜브, 나노 복합체 등의 재료를 감지 물질로 이용하는 센서들이 출시되고 있다. 또한, 가스 센서, 수질 센서, 바이오 센서, 광 센서, 물리 센서 등 다양한 응용 분야로 확대되고, 고성능화되고 있다.

스마트 공장에서 센서들은 단순하게 환경 변화를 감지하고 대처하는데 제한되지 않고 기계 설비를 감시하고 예측하는 부분에도 활용되고 있다. 기계 내부의 위치와 속도제어, 온도 모니터링 등의 측정 기술, 기계 주변의 공구 및 공작물 확인, 공구의 부러짐 등을 감시해서 공정기능을 개선함은 물론 동작의 편

3) 스마트 물류는 RFID(Radio Frequency IDentification) 및 적외선 센서 기술이 결합한 물류 용기를 기반으로 상품의 이력 추적, 상품 품질 지표 기준, 다양한 물류 정보 서비스 등을 제공할 수 있는 친환경 첨단 물류 시스템이다.

의성을 증가시켜 생산 비용의 절감을 기대할 수 있다.

기계 설비를 감시하는 데 가장 많이 활용되는 적외선 센서는 물체로부터 방사되는 적외선을 감지해서 장애물을 감지하고 온도를 측정하는데 활용할 수 있는 센서다. 스마트 공장 산업에서는 지게차 같은 운송수단에 적외선 센서를 활용해서 창고 내부에서의 충돌을 방지할 수 있다. 그뿐만 아니라 방사되는 적외선량의 변화를 감지해서 움직이는 물체의 열을 측정하는 등 광범위한 분야에서 활용이 될 수 있다.

전력 분야에서는 IoT 단말기 중 스마트센서를 중심으로 발전하고 있다. 기존에 계통 제어망과 연계 운영하는 시도를 하고 있으며 센서 오동작으로 인한 파급력이 크기 때문에 신중하게 접근하고 있다. 스마트센서는 수집, 처리, 전송 등의 기능을 반도체화된 것을 일컫는데, 여기에서는 기존의 센서 칩, MCU, 통신 모듈들을 조합하여 신호를 처리해 정보를 전송할 수 있는 센서 노드를 이야기한다. 이러한 스마트센서는 수집하는 신호와 전송하고자 하는 정보에 따라 신호처리가 이루어지고 이러한 과정은 서비스 분야에 따라 다르게 구현된다. 따라서 다양한 서비스 분야에 맞게 최적화되어 발전하게 될 것이다. 스마트센서는 무선 통신 모듈을 활용할 경우 그 효과가 훨씬 증폭되겠지만 그에 따른 배터리 수명, 유지보수 문제 등이 해결되어야 한다. 이러한 문제들이 해결되어 기존 센서로는 적용이 어려웠던 극한 환경에서 운영할 수 있는 형태로 개발될 경우 새로운 활용 원동력이 될 수 있다.

02 검출부

1 MEMS(Micro Electro Mechanical Systems)

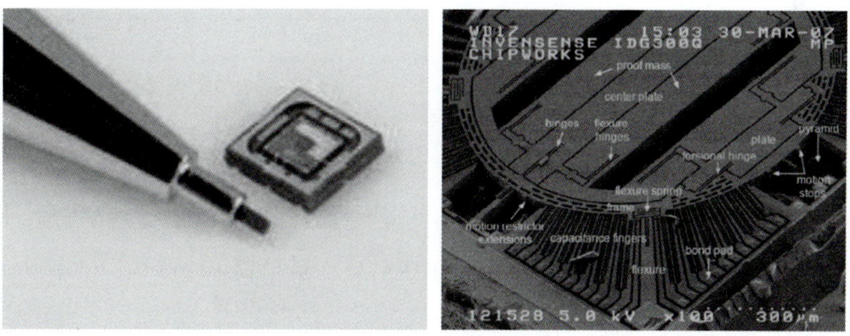

그림 2.5 MEMS 센서 구조(예)

MEMS는 미세전자기계시스템으로, 반도체 미세 공정 기술과 나노기술을 이용하여 제작되는 마이크로 단위의 초미세 기계 구조물을 의미한다. 이를 활용한 MEMS 센서는 초소형으로 고감도 센서를 제작할 수 있으므로 IoT 환경에서 데이터 계측용으로 많이 사용되고 있다. SoC 형태의 MEMS와 CMOS를 직접 집적하는 iMEMS(integrated Micro Electro-Mechanical System)가 있으며, 나노기술의 발전으로 초소형, 저전력 구동과 여러 대상물을 동시에 검출하는 복합형 센서(NEMS : Nano Electro-Mechanical System)로의 연구 개발이 활발하다.

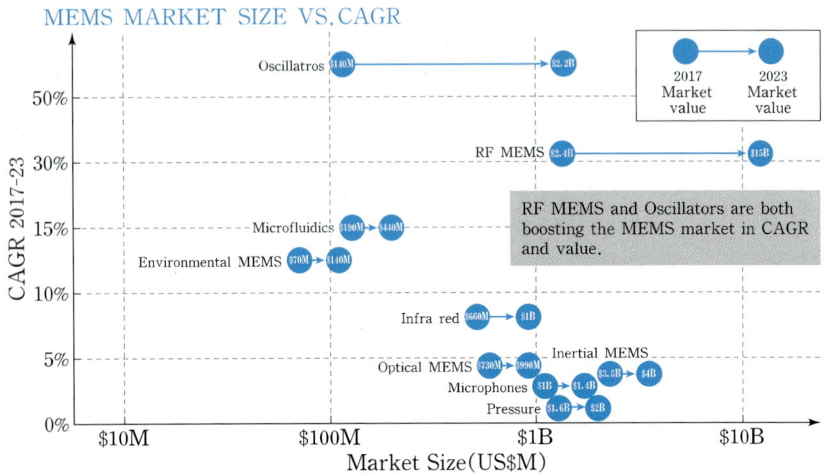

그림 2.6 MEMS 센서의 시장규모

MEMS는 전통적인 반도체 제작 기술인 증착, 패터닝, 식각 등의 CMOS (Complementary Metal-Oxide-Semiconductor) 프로세스로부터 발전되어 왔다. 마이크로 또는 나노 수준의 매우 작은 단위의 기계적 요소와 전자기적 요소를 하나로 합하여 시스템을 만드는 기술로 저전력, 지능화 스마트센서 구현을 위해서 매우 중요한 기술이다. 1950년대 중반부터 트랜지스터의 MEMS 기술 개발이 시작되었고, 그 후 잉크젯 프린터, MEMS 마이크, MEMS 가속도계, MEMS 자이로스코프, MEMS/NEMS 압력 센서, 디스플레이 센서, MEMS/NEMS 스위치, MEMS/NEMS 바이오센서 등 MEMS 센서 기반의 다양한 상용 기기가 생산되었다.

MEMS/NEMS 센서 구현 원리에는 압 저항(piezo-resistive) 방식, 압전(piezo-electronic) 방식, 정전식(capacitive) 방식, 전자기(electromagnetic) 방식, 열전소자(thermal electrical) 방식 등이 있으며, MEMS 센서의 장점에는 소형, 높은 SNR, 낮은 이

력, 극한 환경에서의 작업 능력, 높은 재현성 등이 있다. 이러한 장점 때문에 MEMS 센서는 자동화, 항공, 가전제품, 국방, 산업용 제조, 의료기기, 생명과학 및 통신에 광범위하게 적용되고 있다. 최근에는 MEMS 센서를 새롭게 대두되는 신기술 분야에 적용하기 위해 지능화와 에너지 하베스팅 기술도 함께 발전하고 있다.

2 센서 종류

- 전력 IoT 스마트센서를 구성하는 대표적인 상용 센서와 검출정보를 소개한다.
- 전력 IoT 스마트센서는 설비의 상태를 여러 차원에서 인식할 수 있도록 복합센서로 제작된다.

대기압 센서

압력 센서는 대기의 압력을 측정하는 데 사용된다. 고도가 높아지면 기압이 낮아지고, 고도가 낮아지면 기압이 높아지는 원리를 이용하여 고도를 추정할 수 있다. 이 센서를 통해 배전망이 기압이나 고도에 따라 영향을 받는지에 대한 영향 평가를 할 수 있다. 그리고 가공실비의 높이 변화 특히, 전주 도괴 위험을 인식할 수 있다. 고압의 가스절연시스템의 상태도 판단할 수 있을 것이다.

압력 센서

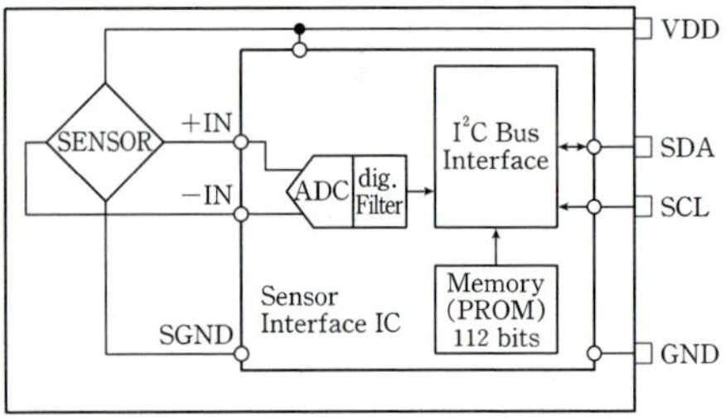

압력 센서 Functional Block Diagram

그림 2.7 대기압 센서

널리 쓰이는 압력 센서의 예로서 TE Connectivity MS5637−02BA03 모델은 다음의 특징을 갖는다.

- QFN package 3 × 3 × 0.9 mm^3
- High−resolution module, 13 cm
- Supply voltage : 1.5 to 3.6 V
- Fast conversion down to 0.5 ms
- Low power, 0.6 μA(standby ≤ 0.1 μA at 25°C)
- Integrated digital pressure sensor(24 bit $\Delta\Sigma$ ADC)
- Operating range : 300 to 1200 mbar, −40 to +85 °C
- I2C interface
- No external components(internal oscillator)

압력 센서는 온도에 따른 오차가 있어 온도에 따라 보정을 해주는 프로세스가 필요하며, 그 알고리즘은 다음 그림과 같다.

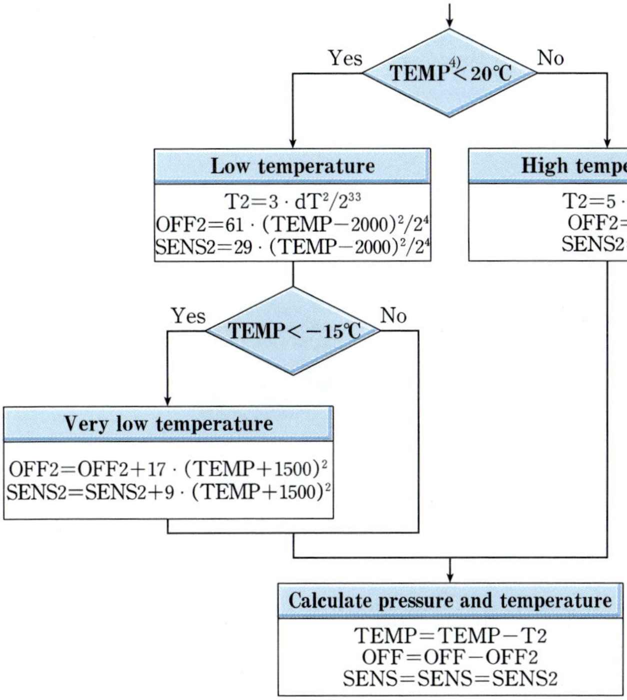

그림 2.8 온도에 대한 압력 센서의 보정 알고리즘

가속도 센서

가속도 센서는 물체에 대한 가속도를 측정한다. 1[G] 이하의 경우에는 중력가속도에 의해 기울기 값을 구할 수 있으며, 1[G] 이상의 값을 통해 충격을 감지할 수 있다. 따라서 전력 IoT에 적용 시, 이 센서로 설비의 기울어짐이나 외부로부터의 충격, 진동 여부를 판단할 수 있다. 즉 지진이나 태풍과 같은 외부 조건에 의한 설비의 흔들림, 기울어짐 등을 측정하여 시설물 상태나 보완 여부를

4) TEMP : 원계측 값

판단할 수 있다. 널리 쓰이는 가속도 센서인 ST LIS3DHH 모델을 포함하여 다양한 제품이 출시되어 있다.

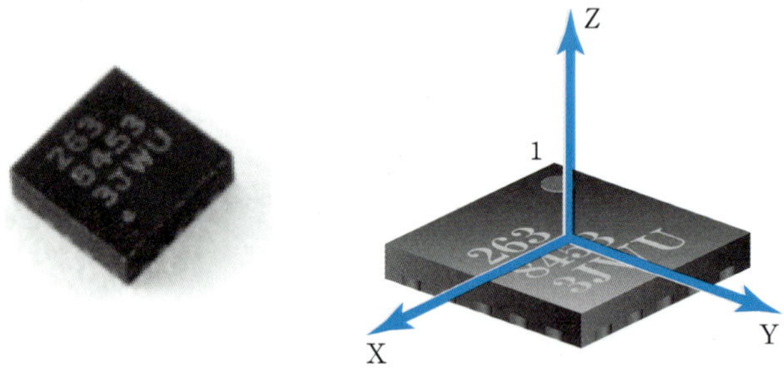

가속도 센서　　감지 방향(3축)

그림 2.9 가속도 센서(예)

가속도 센서의 제작 방식에는 대표적으로 압전소자를 이용하는 방식과 정전용량의 변화를 추정하는 방식이 있다. 주로 변형 때문에 저항이 변하거나 전압이 발생하는 압전소자를 이용한다. 미세전극의 위치가 변하여 나타나는 정전용량의 변화를 감지하는 방식이다.

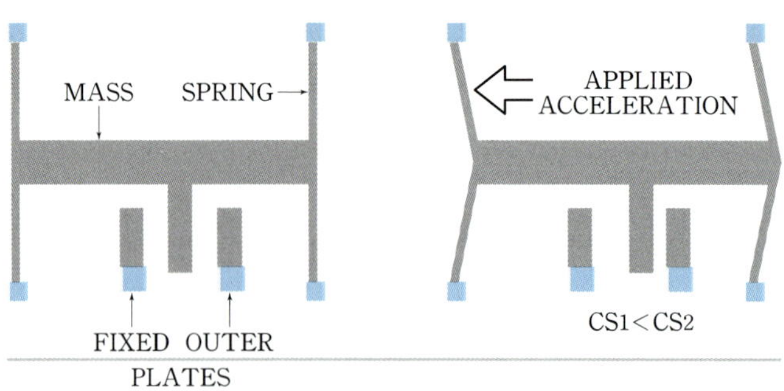

그림 2.10 정전용량형 가속도계의 원리

동적 가속도가 없는 경우, 3축 중력가속도의 값을 통해 지구 중심에 대한 기울기를 측정할 수 있다. 3차원 공간에서의 물체의 자세는 3개의 각으로 표현될 수 있는데, X축(longitudinal axis)을 회전축으로 하는 롤(Roll, ϕ), Y축(lateral axis)을 회전축으로 하는 피치(Pitch, θ), Z축(Vertical axis)을 회전축으로 하는 요(Yaw, γ)로 표기한다. 따라서 기울기로 전주의 상태(θ)를 파악할 수 있다. Gx, Gy, Gz는 각 x, y, z축의 가속도 값을 나타낼 때 Roll, Pitch는 다음과 같다.

- Roll 변환 공식 $\phi = arctan\left(\frac{-G_y^2}{\sqrt{G_z^2 + G_x^2}}\right)$
- Pitch 변환 공식 $\theta = arctan\left(\frac{-G_x^2}{\sqrt{G_y^2 + G_z^2}}\right)$

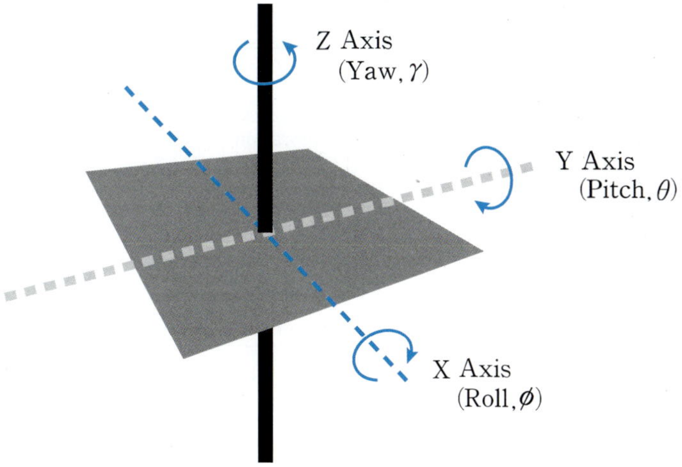

그림 2.11 가속도 센서의 회전각 범위

온·습도 센서

온습도 센서는 대기의 온도와 습도를 측정하여 전주 주변의 기상변화를 파악하고 전력이 전달될 때 주변 환경이 얼마나 변화되는지를 측정하여 상관관계를 파악할 수 있다. 센서는 Sensirion SHT31 모델 등 다양한 제품들이 있다. 보통 이들 센서는 초소형 CMOS로 MCU와는 I2C 인터페이스로 통신한다. 널리 쓰이는 온습도 센서인 Sensirion SHT31 모델의 특징은 다음과 같다.

- Fully calibrated, linearized and temperature compensated digital output
- Wide supply voltage range from 2.4 V to 5.5 V

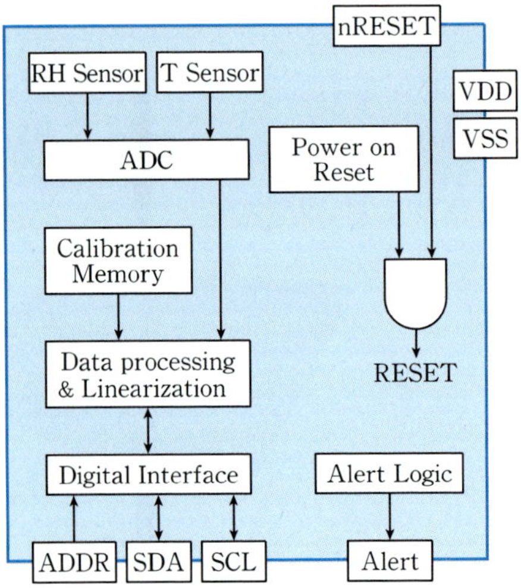

Functional Block Diagram

그림 2.12 온습도 센서

• I2C interface with communication speed up to 1MHz and two user selectable addresses
• Typical accuracy of ±2% RH and ±0.2℃ for SHT31
• Very fast start-up and measurement time
• Tiny 8-Pin DFN package

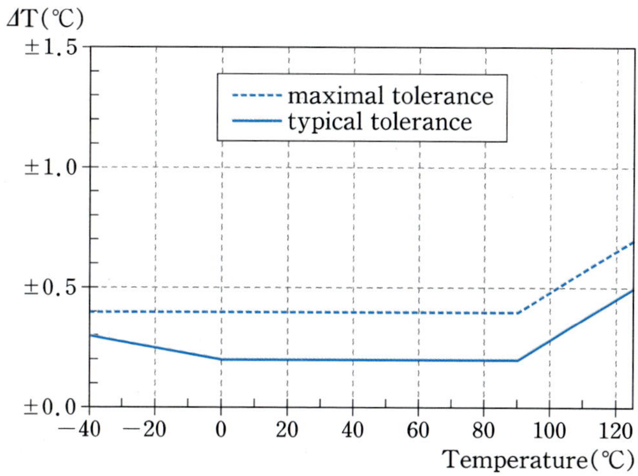

그림 2.13 온습도 센서의 온도 정확도

지자기 센서

지자기 센서는 디지털 컴퍼스의 다른 이름으로 일반적인 용도는 지구의 자기장을 측정하여 X, Y, Z 축의 자기장으로부터 방위를 알아내는 전자식 나침반을 의미한다. 전류가 흐르는 전선 주변의 자기 변화를 감지하여, 전류 통전 여부, 고장 전류 감지 등의 용도로 사용된다. 지자기 센서는 HMC5883L 모델

(Honeywell사) 등 다양한 제품이 출시되어 있다. 널리 쓰이는 HMC5883L 모델의 특징은 다음과 같다.

- 3-axis magnetoresistive sensors and asic
- 12bit ADC Coupled with Low Noise AMR Sensors Achieves 2 milli-gauss Field Resolution in ±8 Gauss Fields

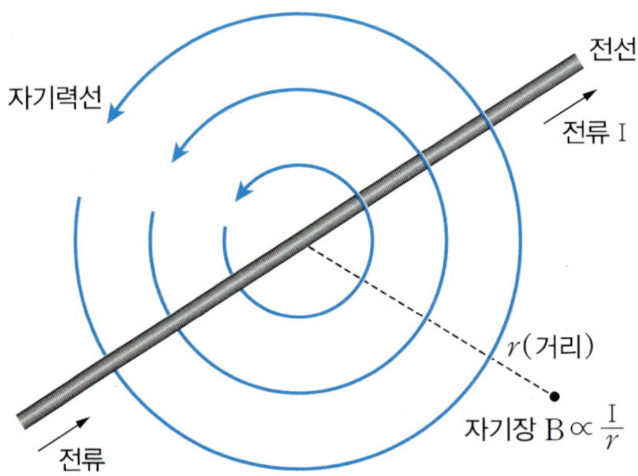

그림 2.14 자기센서 전류 감지

지구의 자기장은 하나의 막대자석이 방사하는 방식을 닮은 모습이다. 이 필드 라인은 지구의 표면의 방위와 자기의 강도에 따라 다르다. 북미에서 자기장 필드 라인은 상향 하향각도 70도 정도 지구 표면을 기준으로 표출된다. 방향과 세기는 X, Y, Z 3축으로 나타낸다. 자기 센서는 각 축으로 μT(마이크로 테슬라)의 형태로 전류를 측정하게 되며 각 축의 자기량을 다음의 공식으로서 공간인식의 형태로 해당 총량을 표현할 수 있다.

03
신호 처리부

전기적인 신호에는 아날로그 신호와 디지털 신호가 있다. 센서는 물리현상을 아날로그 형태의 전기적인 신호로 계측한다. 다시말해, 연속적인 물리현상에 따라 신호의 크기 즉, 전압의 크기를 다르게 만들어 낸다. 컴퓨터에서 연산, 정보처리를 위해서는 디지털 신호가 필요하므로, 센서의 계측값은 디지털 신호로 바뀌어야 한다. 디지털 신호는 우리가 흔히 사용하는 십진수로 표현이 되면 좋지만 대부분 2진수로 표현이 되고 있다. 그래서 일반적인 센서는 아날로그 신호를 출력하고 적절한 증폭, 필터 회로를 통해 신호 전처리(Signal Conditioning) 후 ADC(Analog Digital Converter)를 사용해 디지털 신호로 변환한다. 이러한 신호처리 장치를 신호 수집 시스템(DAQ System, Data Acquisition System)이라 한다.

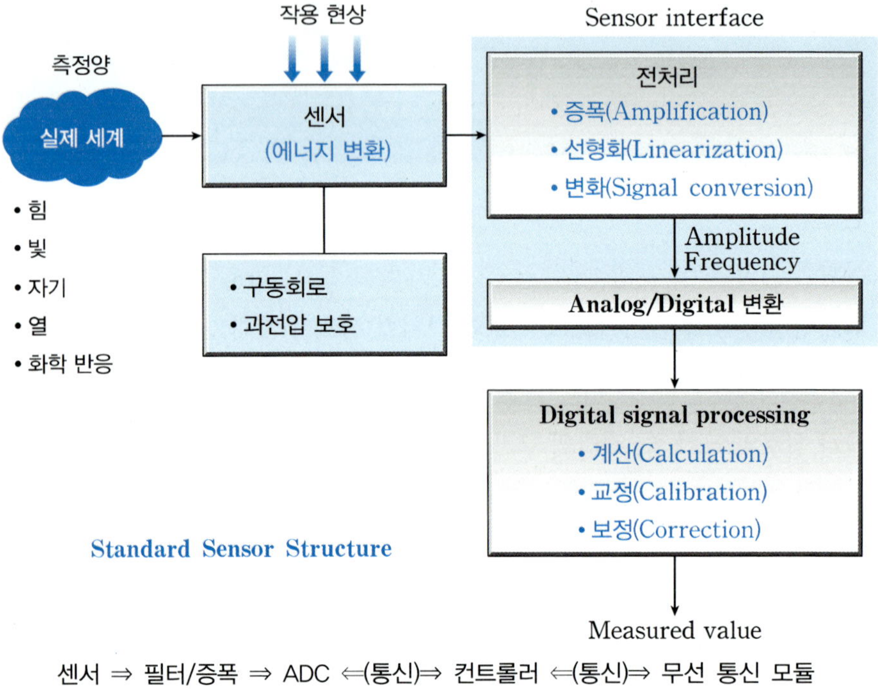

그림 2.16 DAQ 시스템 요소별 검토내용

1 신호 전처리(Signal Conditioning)

신호 수집을 위해서는 센서 선정, 특성 파악, 샘플링 주기, 정밀도, 노이즈, 절연 등을 고려해야 한다. 신호의 크기, 모양, 주파수에 따라 적절한 신호처리가 필요하다. 센서의 신호는 전처리를 통해 ADC가 처리할 수 있는 신호 범위에 맞추는 작업이므로 보통 신호 증폭, 필터링, 절연 등이 필요하다. 아주 작은 신호는 ADC에서 처리할 수 있는 신호의 크기만큼 크게 만들어야 하고, 노이즈가 많이 포함되어 있으면 필터링이 필요하다.

선형화

센서는 특성값과 출력값이 대부분 비선형 특성을 나타낸다. 가속도 센서는 특정 값에서 꺾인다거나, 압력 센서는 반비례 관계인 경우가 있다. 또한, 지수적인 관계를 나타내는 센서도 있다. 따라서 출력 신호를 값으로 변환할 수 있는 선형화 처리 또는 변환 함수를 파악해야 한다. 상용화된 센서의 경우 출력 특성에 대한 문서를 제공한다.

증폭

증폭은 가장 기본적인 신호 전처리이다. 측정하는 신호의 최솟값을 ADC의 입력 범위와 알맞게 그 크기를 크게 할 필요가 있다. 센서의 신호를 증폭하면 시스템 노이즈의 영향이 감소하게 된다. 이때 신호에 얼마나 많은 노이즈가 존재하는지를 비로 나타낸 것을 신호 대 노이즈 비율(SNR; Signal-to-Noise Ratio)이라 하고 SNR이 클수록 좋다. 물론 높은 신호 값을 작게 낮추어야 하는 경우도 있다. 고전압을 측정할 경우는 분압하여 비율적으로 낮추게 된다.

필터링

측정하는 신호의 주파수를 알면 그 이외의 신호는 필터링하여 제거할 수 있다. 전원이나 전등과 같은 AC 전원에서 발생하는 노이즈가 포함될 수 있어 해당 대역을 제거할 필요가 있다.

절연/차폐

시스템을 적절하게 접지하지 않으면 측정 에러, 노이즈가 발생하거나 심각한 경우에는 시스템이 손상되기도 한다. 써머커플(열전쌍, Thermocouple)로 고압 설비의 온도를 측정할 경우 정전유도로 높은 전압이 유기될 수 있다. 또는 큰 전류에 의한 자기장으로 전압이 유도될 수도 있다. 특히 DAQ 시스템의 신호선, 항체는 접지를 하게 되어, 전원부와 절연이 안 좋을 경우 시스템이 손상될 수 있다. 한편 과도한 절연으로 측정 대상의 정확한 값이 측정되지 않을 수도 있다. 따라서 적절한 절연이나 차폐를 한 후 신호를 측정할 필요가 있다.

2 샘플링(Sampling)

아날로그 신호는 크기, 모양, 주파수를 가지고 있다. 짧은 시간동안 발생했다가 없어지거나 무한히 반복되는 경우도 있다. 무한히 반복되는 신호는 크기와 주파수를 가지고 있으며, 또한 일정한 모양을 가질 수 있다. 예를 들어, 전원으로 사용하는 220V 전기는 60Hz의 정현파(Sine) 모양을 갖고 있지만, 그 이외에도 비정현파의 사각파, 삼각파 등 임의의 모양이 있을 수 있다.

샘플링은 연속적인 신호를 순간의 값들로 바꾸는 것을 말하며 얼마나 자주 측정할 것인지 또는 센서값을 읽는지를 나타낸다. 센서에서는 처리장치(MCU)가 ADC의 신호 값(디지털 신호)을 읽는 것을 말한다. 샘플링 주기(period)가 짧을수록 샘플링 주파수(frequency)가 크고, 신호의 데이터 수가 많다는 것을 의미한다. 샘플링 주파수(Sampling Frequency)는 신호의 주파수를 고려하여 결정한다. 신호의 주파수 및 특성을 파악할 수 있는 최소의 샘플링 주파수는 신호의

2배이며 이를 Shanon의 샘플링 정리 또는 Nyquist 주파수라고 한다. 그러나 통상 10배 정도로 해야 적절한 파형을 얻을 수 있다.

일정한 모양이 무한히 반복되는 신호를 측정하는 대표적인 장비가 오실로스코프(Oscilloscope)이다. 수초 이내의 매우 짧은 시간에 반복하는 고주파 신호를 관찰하는 장비이다. 반면 신호 기록장치(데이터 로거, Data logger)는 시간 또는 날짜 단위로 장시간 데이터를 측정하는 데 주로 사용하게 된다.

3 ADC 장치

ADC(Analog-Digital Converter)는 아날로그 신호를 디지털 신호로 변환하는 소자이다. 처리장치(CPU, MCU, Controller 등)에 측정값을 전송하고 연산을 위해서는 꼭 필요하다. 스마트 센서의 MCU는 시리얼 통신으로 메모리에 접근하여 신호 값을 가져오는데, ADC 신호는 선입선출(First In First Out)을 방식으로 전달된다. 이러한 ADC는 신호의 측정 분해능(Resolution)과 범위(Range)를 고려하여 결정한다.

분해능(Resolution)

분해능은 인접한 측정값을 구별할 수 있는 최소한의 단위를 나타낸다. 분해능을 비트로 나타내는 데 ADC의 비트 수가 높을수록 더 정밀한 값을 계측하는 것이 가능하다. 예를 들어, 10V 크기의 신호를 3비트로 분해하면 8개의 영역으로 구분할 수 있다(3비트는 이진수 000에서 111까지의 코드로 분해능은 약 1.25V (= 10V / 8 = 10V / 2^3bit)이다). 한편, 16비트 ADC의 경우 10V의 신호를 65,536(= 2^{16})개의 영역으로 구분할 수 있고 신호의 약 0.15mV(= 10/65,536)까지 측정할 수 있다.

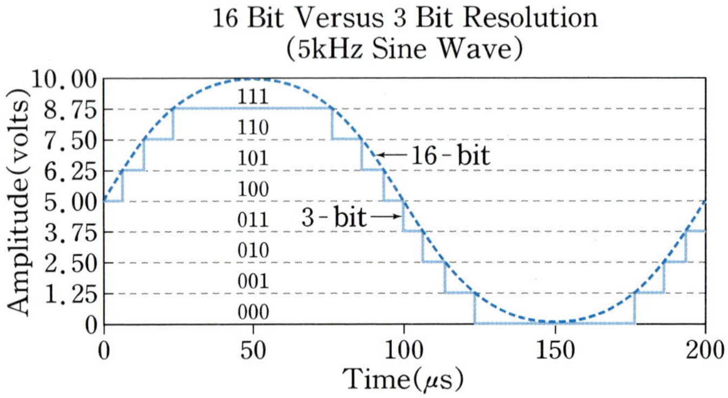

그림 2.17 분해능에 따른 정밀도

입력범위(Range)

ADC가 디지털 신호로 바꿀 수 있는 신호의 최솟값과 최댓값을 나타낸다.

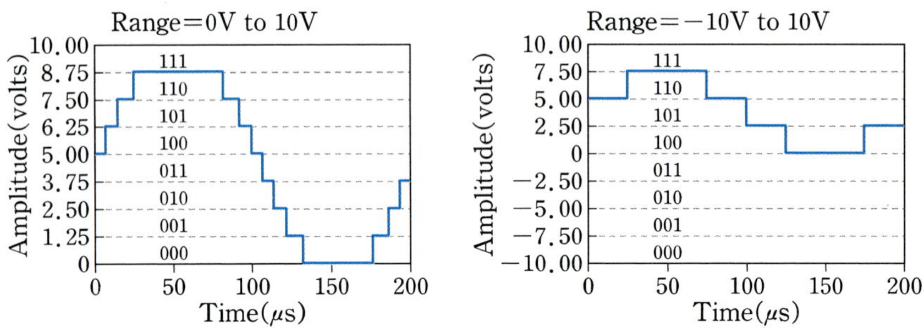

그림 2.18 입력범위에 따른 정밀도

4 정확도(Accuracy), 정밀도(Precision)

신호를 측정할 경우 분해능과 함께 정확도와 정밀도라는 단어가 자주 등장한다. 정확도(Accuracy)는 측정된 값이 실제 값과 얼마나 일치하는지를 나타낸다. 표준체를 측정하여 값을 보정하여 정확도를 높일 수 있을 것이다. 정밀도(Precision)는 여러 번 측정하거나 계산한 결과나 값이 각 측정할 때마다 서로 얼마만큼 같은 값을 나타내는지를 말한다. 여러 측정된 값의 차이가 작을수록 정밀한 값을 나타낸다. 또는 같은 상태를 측정할 경우 측정값의 재현성이 좋은 것이 정밀한 것이다.

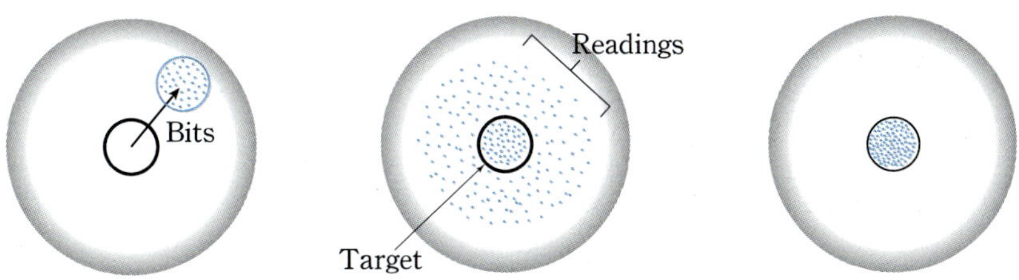

정확도가 부족한 정밀도 정밀도가 부족한 정확도 정밀도와 정확도 모두 만족

그림 2.19 정확도 정밀도 비교

5 융합 센서

배전 설비에 사용되는 센서는 한 종류만 사용되는 것은 아니며, 온도, 습도, 가속도, 기압, 기울기 등의 여러 센서가 사용되고 있다. 이러한 센서들은 각각 정보를 알려줄 수도 있지만, 서로 새로운 정보를 만들어 낼 수 있다. 또한, 개별 센서의 결함이나 오차를 보완, 보정하기 위해 유사한 여러 개의 센서를 사용하

는 것도 융합 센서의 예시가 될 수 있다.

예를 들어, 자이로스코프, 가속도 센서를 합하여 현재의 방향 정보를 구할 수 있다. 융합 센서의 장점은 싸고 정밀도가 떨어지는 개별 센서들을 두 개 이상 융합하여, 정밀도를 경제적으로 개선하고, 기존에 없었던 새로운 기능을 구현할 수 있다는 점이다. 다만, 정밀도를 더 높이려고, 혹은 꼭 필요하지 않은 부가적인 정보를 얻기 위해 더 많은 센서를 사용하여 융합하는 것은 경제적이나 에너지 측면에서 불리하므로, 정보에 대한 목적을 고려하여 적정한 선에서 절충해서 사용할 필요가 있다.

또한, 융합 센서는 새로운 정보의 생성뿐만 아니라, 데이터에 의해 만들어지는 정보를 좀 더 정확하게 할 수 있다. 가령 화재를 감지하는 센서로 온도 센서, 연기감지 센서 등이 있다. 온도가 50도 이상 올라갔을 때, 정상적인 환경에서는 발생하지 않는 상황이므로 이는 불이 났다고 볼 수 있다. 보통 화재가 없을 때는 연기가 발생하지 않으므로 연기가 감지되었을 때는 화재라고 판단할 수 있다. 그러나 각각의 센서는 예외 상황이 있을 수 있다. 예를 들어, 온도의 경우 대상의 부하가 심하게 걸려 온도가 50도 이상 올라갈 수는 있지만, 이 역시 대상의 동작 범위 안에 들 수 있으므로 무작정 화재라 볼 수는 없다. 연기감지도 대상의 화재에 의한 연기가 아니라 외부에서 발생한 연기가 감지될 수 있으므로 꼭 대상에 대한 화재라 볼 수는 없다. 따라서 온도와 연기감지를 같이 사용한다면 좀 더 정확한 화재 정보를 감지할 수 있게 되는 것이다.

전력 IoT에서 전신주의 상태를 확인하고자 할 때, 기울어짐은 대기압 센서, 3축 가속도 센서로 확인하고 충격여부는 가속도 센서를 통해 측정할 수 있다. 두 센서를 이용하여 원하고자 하는 값을 얻을 수는 있지만, 또 다른 센서를 통해 더욱 정확하고 신뢰할 만한 정보를 얻을 수가 있다. 즉, 선형적인 가속도 값을 측정할 수 있는 가속도 센서와 각속도를 측정할 수 있는 자이로 센서의 데이터를 합하여, 어느 방향으로 얼마나 기울어졌는지를, 얼마만큼의 힘으로 기울어졌는지 확인할 수 있다.

- 융합 센서는 여러 측정값을 임의의 상태 값으로 변환한 정보로 나타낼 수 있다.
- 이러한 상태 정보는 여러 데이터를 전송, 관리하는 것에 비해 효율적이고 상태정보를 통해 직관적인 빠른 판단을 할 수 있을 것이다.

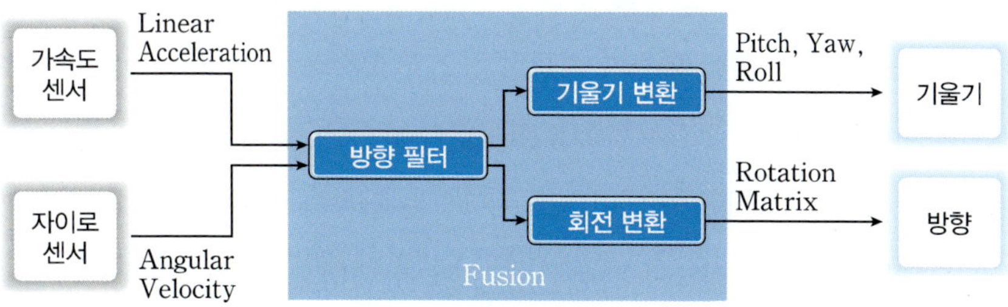

그림 2.20 융합 센서

04 데이터 통신부

데이터 통신의 방법은 크게 두 가지가 있으며, 한 번에 한 비트(bit)씩 차례로 주고받는 통신을 직렬 통신(Serial Communication), 한 번에 한 바이트 또는 그 이상의 데이터를 한꺼번에 주고받는 것을 병렬 통신(Parallel Communication)이라 한다. 병렬 통신은 여러 신호를 한꺼번에 보내기 위해서는 여러 신호선의 다발(bus)이 필요하다. 따라서 직렬 통신은 병렬 통신과 비교하면 통신선의 수가 적어서 구조가 단순하다는 장점이 있다. 회로가 비교적 적어 PCB(Printed Circuit Board) 구현 시에 기판 활용이 효율적이다. DAC, ADC, EEPROM 등의 장치들이 직렬 통신을 사용하여 마이크로프로세서와 데이터를 주고받는 경우가 많다. 한편 대부분 마이크로 컨트롤러는 선택적으로 사용할 수 있도록 다양한 통신 인터페이스를 가지고 있다. 직렬 통신은 크게 동기(Synchronous) 통신과 비동기(Asynchronous) 통신로 나눌 수 있다.

동기 통신은 데이터 전송을 위한 선 외에 송신자와 수신자의 동기를 위한 별도의 클럭 신호를 사용한다. 송신자와 수신자는 공유하는 클럭 신호에 맞추어 데이터를 주고받는다. 정확한 통신 속도를 미리 약속할 필요가 없다. 클럭을 가지는 마스터와 주변 장치 슬레이브, 마스터-슬레이브 기반의 동기 통신은 MCU와 주변 장치 사이에 많이 사용한다. SPI와 I2C 프로토콜은 내장 데이터 통신에서 가장 많이 사용되고 있는 동기 통신 규격이다.

비동기 통신은 동기를 맞추기 위한 별도의 클럭 신호 없이 데이터를 주고 받는 방법이다. 송신자는 데이터를 전송하기 전에 통신의 시작을 알리는 시작 비트(start bit)를 수신자에게 먼저 보내고 그 다음 데이터를 보낸다. 그리고 마지막에는 통신의 끝을 알리는 정지 비트(stop bit)를 보내 통신이 끝났음을 알린다. 동기용 클럭 없이도 데이터의 송수신이 가능하지만 정확한 통신 속도를 약속하고 있어야 한다. 미리 약속한 통신 속도에 맞추어 데이터를 한 비트씩 읽어 들이기 때문이다. 통신 속도는 보통 bps(bits per second)라는 단위로 표현하는데 이 단위는 초당 전송되는 비트 수를 나타낸다. 다음은 대표적인 직렬 통신 방식들을 소개한다.

1 I2C

I2C(Inter-Integrated Circuit) 버스는 마이크로프로세서와 저속 주변 장치 사이의 통신을 위한 용도로 PHILIPS 에서 개발한 규격으로, 두 가닥의 선을 사용하므로 TWI(Two Wire Interface)라고도 불리고 있다. SCL(serial clock)과 SDA(serial data)로 이루어져 있으며 마스터-슬레이브 형태로 동작한다. SCL은 통신의 동기를 위한 클럭용 선이고 SDA는 데이터용 선이다. 마스터는 SCL로 동기를 위한 클럭을 출력하며 슬레이브는 SCL로 출력되는 클럭에 맞추어 SDA를 통해 데이터를 출력하거나 입력 받는다.

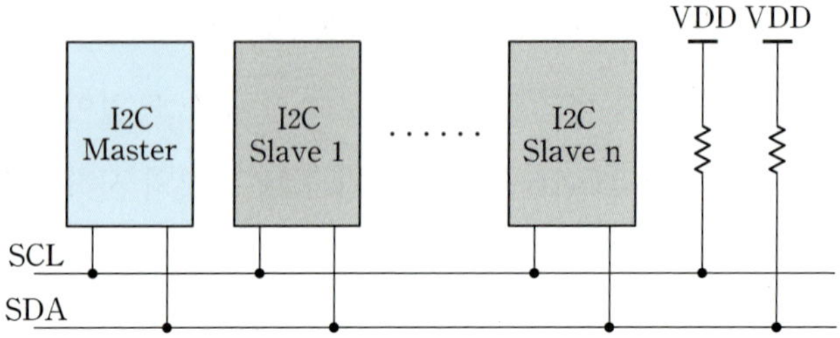

그림 2.21 I2C 통신처리 개념도

모든 장치는 SCL과 SDA를 각각 공유하고 있고 I2C 슬레이브 장치들은 7비트의 고유한 주소를 가지고 있으며 마스터는 주소로 원하는 슬레이브를 지정한다. 주소의 길이가 7비트이므로 마스터는 최대 128개의 슬레이브 장치들과 연결될 수 있다.

I2C 버스의 가장 큰 장점으로 슬레이브 장치의 수와 관계없이 두 가닥의 선만으로 마스터와 슬레이브 사이의 양방향 통신이 가능하다는 것이다. 두 개 이상의 마스터를 사용할 수 있다는 사실은 I2C 버스가 가진 또 다른 장점이다. 반면에 동시 양방향 통신이 불가능하고 통신 속도를 높이기 어렵다. 표준 상태에서 I2C 통신의 최대 속도는 100kHz이며 고속 상태에서는 최고 400kHz까지 가능하다.

2 SPI

SPI(Serial Peripheral Interconnect) 버스는 Motorola에 의해 개발된 전이중(full duplex) 통신이 가능한 동기 통신 규격이다. I2C와 마찬가지로 마스터-슬레이브 방식으로 동작하며 마스터가 동기를 위한 클럭을 출력한다. 각 SPI 슬레이브 장치는 chip enable(CE) 입력을 가지고 있으며 이 입력이 활성화되었을 때에만 동작한다. 따라서 마스터는 여러 개의 슬레이브 선택(SS) 선을 슬레이브들의 CE에 연결하고 한순간에 하나의 슬레이브만 선택하는 방법을 사용하여 마스터가 여러 개의 슬레이브와 연결하여 구동할 수 있다. SPI 버스의 가장 큰 장점으로는 최고 70MHz에 이르는 빠른 통신 속도와 동시 양방향 통신이 가능하다는 점을 들 수 있다. 전송 데이터 단위에 대한 제약이 없어서 8비트, 16비트, 24비트 등 원하는 길이를 설정할 수 있다. 슬레이브는 자체 주소를 가지고 있지 않으므로 주소 충돌의 문제도 발생하지 않는다.

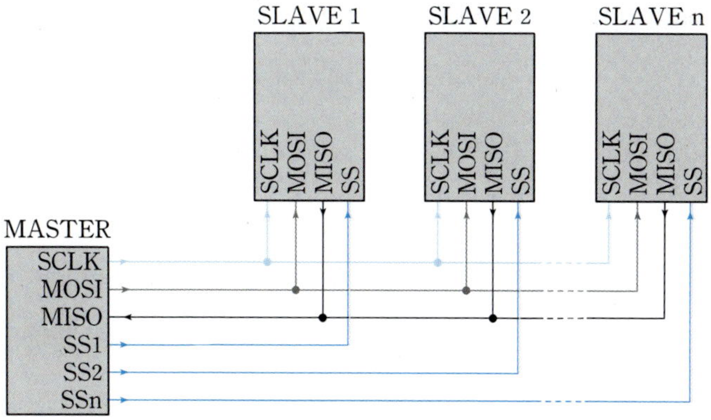

그림 2.22 SPI 통신처리 개념도

- SCLK : Serial Clock. 마스터가 출력하는 동기용 클럭
- MOSI : Master Output Slave Input. 마스터의 출력이며 슬레이브에는 입력

- MISO : Master Input Slave Output. 슬레이브의 출력이며 마스터에게는 입력
- SS : 슬레이브 Select. 마스터의 출력으로 슬레이브를 선택하기 위한 신호

SPI 통신에서 동작 과정을 보면, SCLK는 마스터가 출력하는 클럭 신호이다. SCLK를 기준으로 마스터와 슬레이브 사이의 데이터 교환이 진행된다. MOSI는 마스터의 출력으로 슬레이브로 정보를 보내기 위한 선이다. 반대로 MISO는 슬레이브의 출력으로 마스터가 슬레이브의 정보를 받기 위한 선이다. 앞의 그림에서 보듯이 마스터와 슬레이브의 MOSI끼리 서로 연결되며 MISO끼리 서로 연결된다. SS는 마스터가 슬레이브를 선택하기 위한 마스터의 출력으로 슬레이브의 CE 입력에 연결된다. 슬레이브는 CE 입력이 '0'인 동안에만 활성화된다.

통신을 진행하기 위해서 마스터는 우선 SS로 '0'을 출력하여 해당 슬레이브를 활성화한다. 그런 다음 마스터는 SLCK로 동기를 위한 클럭을 출력하는데 이 클럭에 맞추어 MOSI로 데이터를 한 비트씩 내보낸다. 이와 동시에 마스터는 자신이 출력하는 클럭에 맞추어 MISO를 한 비트씩 읽는다. SPI 버스는 언제나 양방향 통신을 진행한다. SCLK에 맞추어 MOSI로 데이터를 출력하는 동안 MISO로는 데이터가 수신된다.

3 RS-232

RS-232 표준은 비동기 직렬 통신의 가장 대표적인 예이다. 지금까지의 비동기 통신에 관한 설명은 RS-232 표준 일부이다. 요즘은 USB 인터페이스가 많이 사용되고 있어서 PC에 직렬 포트가 아예 없는 경우도 많지만, 아직도 RS-232 표준은 여전히 많이 사용되고 있다. 내장 소프트웨어 개발 과정에서 PC와 내장형 시스템을 RS-232 인터페이스로 연결하고 UART를 간단한 디버거로 활용하는 경우는 매우 흔하다.

RS-232 표준은 비동기 직렬 통신에 필요한 전기적인 신호 특성(전압, 타이밍 등)과 기계적 특성(커넥터 모양, 핀 배치) 등 모든 사양을 규정하고 있는 미국 Electronic Industries Association(EIA)라는 단체가 정한 표준이다. PC의 뒤쪽에 나와 있는 직렬 포트용 DB-9 커넥터의 모양과 핀 배치도 이 표준을 따른다. 송신 신호(TxD)와 수신 신호(RxD) 이외에도 다른 용도의 여러 신호들이 이 표준에 정의되어 있다. 그러나 데이터 흐름 제어(flow control)나 반송파 검출(carrier detection) 등의 다른 기능은 사용하지 않고 순수하게 통신만 하겠다면 TxD와 RxD 두 신호로 충분하다.

UART가 있으면 비동기 통신이 가능하지만, UART의 송수신 핀을 PC의 직렬 포트에 바로 연결할 수는 없다. RS-232 표준에서 규정하고 있는 전압 레벨은 TTL 호환(TTL compatible)이 아니기 때문이다. RS-232 표준은 논리 '1'에 해당하는 전압의 범위를 −3V ~ −15V로 논리 '0'에 해당하는 전압의 범위를 +3V ~ +15V로 규정한다. 이런 전압은 일반 디지털 회로에서 사용되는 범위를 벗어나기 때문에 RS-232 표준을 따르기 위해서는 0V ~ 3V(또는 3.3V 또는 5V) 범위의 신호를 RS-232 레벨 신호로 변환하고 또 그 반대 방향으로도 전압을 변환해 주는 전용 회로가 필요하다. 이런 역할을 하는 IC를 RS-232 트랜시버(transceiver)라고 한다. Maxim사의 MAX 232라는 제품이 그 대표적인 예이다.

RS-232 표준에 따른 논리 '0과 논리 '1'의 전압 차이는 최소 6V에서 최대 30V이다. 따라서 일반적인 디지털 회로의 신호와 비교하면 RS-232 표준을 따르는 신호는 잡음 여유가 매우 크다. RS-232 규격에 따르면 송신측과 수신측 사이의 통신 선로의 길이는 최대 15m에 이른다. 만일 RS-232 표준을 반드시 따라야 하는 것이 아니며 송신부와 수신부가 가깝다면 RS-232 트랜시버를 사용하지 않고 UART끼리 직접 연결하면 된다.

05 스마트센서와 게이트웨이 연계

IoT 스마트센서는 스마트 그리드의 경우 전력계통 곳곳에, 스마트 시티의 도심 곳곳에, 스마트 공장 내부 곳곳에 설치되어 사물의 상태정보를 수집한다. 게이트웨이는 스마트센서로부터 수집한 정보를 플랫폼으로 전달하는 역할을 한다. 일반적으로 무선 통신으로 수집하여 유선으로 전달하며, 통신 방식을 변환하여 전달하는데 이종 네트워크 사이에서 연계해주는 장치를 통칭한다. 게이트웨이는 센서 네트워크 플랫폼보다 조금 더 높은 사양의 하드웨어로 구성하여 기능적으로도 좀 더 다양한 역할을 수행한다. 통상적으로 게이트웨이는 다음과 같은 역할을 한다.

- 데이터 전송 경로를 무선에서 유선으로 변환
- 서버와 센서 네트워크 노드 간의 데이터 브리지 역할
- 데이터 패킷의 표시 및 변환 등의 가공
- 데이터의 임시 저장
- 필요한 경우 센서의 시각 동기

넓게 분포되어 설치된 스마트센서 데이터는 인접한 센서 노드를 거치거나, 싱크(Sink) 또는 게이트웨이를 통해 수집된다. 고온, 고압, 고전압 등의 사

람이 접근하기 어려운 환경에서 그리고 넓은 지역의 순시, 점검이 필요한 현장에서 스마트센서는 활용성이 높다.

또한, 이더넷 포트가 네트워크에 연결되어 있다면, 센서 데이터 패킷이 들어와서 표시됨과 함께 미리 지정된 서버의 IP주소로 데이터를 전송한다. 좀 더 자세한 센서 데이터 패킷의 정보는 최종적으로 모니터링 서버에서 볼 수 있다. 게이트웨이 전면에는 LED를 배치하여, 데이터가 수신될 때마다 LED가 깜빡이고, 서버와의 연결 시 LED를 켜는 등의 동작을 통해 현재 정상적으로 네트워크가 연결되어 있고 센서 데이터들을 잘 수신하고 있는지 빠르게 파악할 수 있다. 여러 종류의 센서 데이터를 수집하여 이를 서버 또는 게이트웨이로 전송하는 기능을 갖는 것을 센서 노드라 부르기도 하며, 게이트웨이와 다소 중복되는 기능을 갖는다.

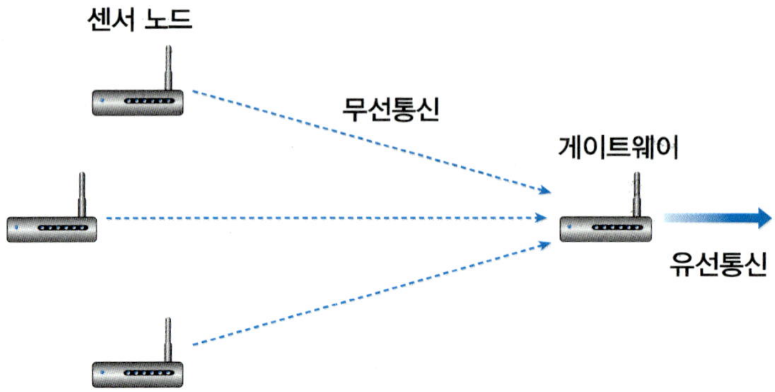

그림 2.23 센서 노드 네트워크 개념도

게이트웨이는 무선센서 디바이스로부터 데이터를 받으면 단순히 수집정보를 전달하는 기능만 수행하기도 하며, 수집정보를 분석하여 ID, 센서값 등을 사용자가 알아볼 수 있는 값으로 변환하여 전달하기도 한다. 이는 사용하고자 하는 무선 통신 또는 플랫폼에 따라 시스템 설계자가 기능을 정의하여 사용할 수 있기 때문이다. 사용자는 게이트웨이 관리 기능을 통해 현재 수신되고 있는 무선 디바이스의 종류 및 그 센서의 값을 확인할 수 있다.

센서와 마찬가지로 게이트웨이는 사용 전에 미리 서버 시스템에 등록하여야 하며, 서버와의 통신 연결 시 고유 ID를 통해 현재 이 게이트웨이가 운영 중인지, 확인할 수 있다. 또한, 게이트웨이를 통해 발생하는 트래픽, 데이터 빈도, 그 지역에 대한 데이터 통계를 산출할 수 있는 요소가 구비되어야 한다. 각 게이트웨이를 통해 온 데이터를 시간별, 일자별로 분류하여 통계를 냄으로써 어느 시간, 어느 지역의 게이트웨이에서 트래픽이 많고 적은지를 분석할 수 있다.

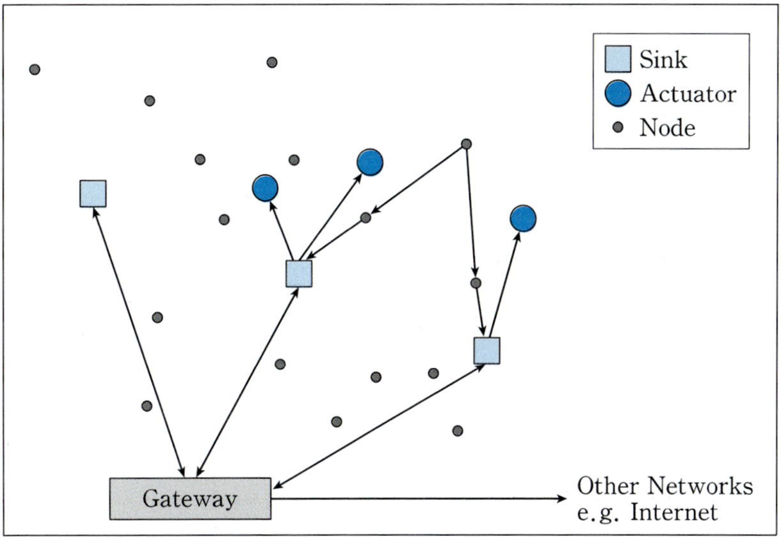

그림 2.24 센서 노드, 싱크 그리고 게이트웨이의 구조도

디바이스를 매개로 하여 데이터를 전송하는 방법을 호핑(hopping)이라고 하며, 스마트센서가 게이트웨이와 한 번의 통신으로 접속하는 것을 싱글 호핑, 또 다른 스마트센서나, 중계기를 통해 여러 번에 걸친 무선 통신으로 게이트웨이에 접속하는 것을 멀티호핑이라고 한다. 호핑이 많아질수록 데이터가 손실될 확률은 증가하게 되며, 중간 디바이스가 고장났을 경우, 그 하위의 센서 디바이스들도 데이터를 전달하지 못하는 되는 단점이 생긴다.

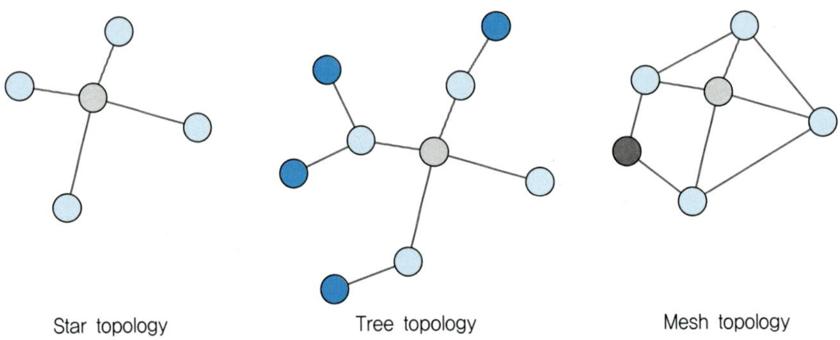

그림 2.25 네트워크 토폴로지 종류

스마트센서의 연계 방식은 스타형, 트리형, 메시형 등 여러 방식으로 나누어지는데, 네트워크 구성에 따라 위치나 거리 등을 달리할 수 있다. 가령 스타 형태의 네트워크 구성에서는 수신자와 송신자의 통신 거리가 최대 설치범위가 된다. 송신자는 바로 수신자에게 데이터를 전송하므로 물리적으로 거리가 되지 않을 때는 데이터를 성공적으로 전달할 수 없다. 반면, 트리 형태의 네트워크 구성의 경우는 중간 디바이스를 통해 더욱 먼 거리의 수신자에게 데이터를 전송할 수 있다. 메시 형태의 네트워크 구성은 모든 노드가 중간 디바이스 역할을 할 수 있으므로, 다른 형태의 네트워크 구성보다는 최고의 네트워크 안정성과 확장성을 지닌다. 따라서, 먼 거리의 센서 디바이스로부터 데이터를 전송하는 것이 가능하며, 네트워크 구성이 자율적으로 형성되고 변경되므로, 중간 디바이스에 어떤 문제가 생겼더라도 다른 중간 디바이스를 통해 데이터가 전송될 수 있어 네트워크 안정성을 지닌다. 다만 이러한 네트워크 관리를 위한 데이터 및 트래픽이 증가하고, 구현 복잡도가 증가한다는 단점이 있다.

06 센서 전력 소비

1 저전력 설계 개념

전력설비 감시용 스마트센서는 전력설비에 설치되지만, 센서가 필요로 하는 전원을 직접 공급받을 수 없다. 따라서, 전력 변환장치가 필요하다. 결국, 전원을 확보하기 어렵고 고전압이라서 접근성이 원활하지 못한 곳에 시설되므로 센서의 저전력화는 가장 중요한 문제이다.

센서가 소비하는 전력은 주로 신호처리, 무선 통신을 수행하는 데 사용하며, 대용량 고속 신호처리를 위한 방법이 사용되지 않는다면 대부분 장시간의 대기 전력으로 소모되고 무선 통신 과정에서 짧은 시간이지만 가장 큰 전력을 소모하게 된다. 사용하는 무선 통신 표준도 중요하지만, 데이터를 전송하는 주기에 영향을 많이 받는다.

데이터 샘플링에 대해서도 소비전력을 고려해야 한다. 데이터 샘플링을 하기 위해서는 센서와 마이크로프로세서 및 기반 회로들이 동작해야 하고, 샘플링한 데이터를 전달하기 위해 무선통신도 동작해야 한다는 것을 의미한다. 즉, 에너지의 소비가 발생한다. 센서 네트워크에서의 에너지 소비는 곧 장치의 수명과도 같으므로, 저전력을 고려해야만 한다. 따라서 데이터 샘플링 수준을 결정하는 것에도 몇 가지 고려할 사항이 있다.

센서를 샘플링할 수 있는 최소 주기는 얼마인가?

센서마다 센서값을 가져오는 방법이 다르고, 구동 시간 등의 대기 시간이 있을 수 있으므로 샘플링 요청 후, 얼마의 시간 뒤에 데이터를 받을 수 있는지, 또는 데이터를 받은 후 얼마의 시간 뒤에 다시 샘플링 요청이 가능한지 확인하여야 한다.

필요로 하는 센서의 샘플링 값이 단순 어느 시점이 아닌 '1초 동안' 혹은 '1분 동안' 등의 특정한 시간 범위를 가질 수 있다. 가령 가속도 센서는 초당 100회를 샘플링하고, 이를 평균 내어 1초 동안의 운동량으로 사용할 수 있다. 만약 이를 어느 순간의 샘플링 값으로만 계산한다면 그 순간에 대한 값일 뿐, 사용자가 원하는 운동량은 될 수 없기 때문이다.

센서 정보의 최소 필요주기는 얼마인가?

센서의 종류에 따라 사용자가 최소로 필요로 하는 주기가 있다. 이는 관리 정책에 대한 것일 수도 있고, 유효한 센서 값으로 인정되는 방법에 관한 것일 수도 있다. 가령 변압기의 온도를 측정하고자 할 때, 데이터양과 전류 소비를 줄이고자 하루에 한 번만 샘플링한다고 했을 때, 데이터양과 전력 소비는 줄일 수 있겠지만, 변압기의 상태는 하루에 한 번만 감지할 수 있으므로, 고장이 나도 대처가 느리게 되고, 온도 이상에 따른 고장 발생 예상을 할 수도 없을 것이다. 따라서 이때는 변압기의 관리라는 조건에 맞추어, 변압기의 상태가 바뀌는 조건에 따라 샘플링 시간을 결정하여야 할 것이다. 예를 들면 최소 10분에 한 번씩은 온도 값을 확인하여야 변압기의 상태를 가늠해볼 수 있다면, 이 센서에 대한 최소 필요주기는 10분이 될 것이다. 이보다 빠르게 계측하는 것은 더 자세한 정보를 줄 것이나 계측에 더 많은 에너지를 소비할 것이고, 10분이라는 최소 주기를 넘어간다면 계측 의미 자체가 없어질 수 있으므로 10분 이하로는 반드시 정해야 할 것이다.

최소 필요주기는 또한 특정 상태에서 변경될 수도 있다. 가령, 위에서 논했던 변압기의 상태에 대해 사용자가 고장 발생이 예상된다고 판단했을 때, 단순 최소 주기가 아닌 집중적으로 점검해야 할 대상으로서의 최소 주기가 반영되어야 할 것이다. 결국, 사용자 측면에서 봤을 때, 이 최소 주기는 센서가 샘플링 가능한 주기와 관리 조건에 맞는 최소 주기와의 사이에서 변경 가능한 상태가 되어야 할 것이다.

데이터 샘플링에 소요되는 전류는 얼마나 되는가?

배터리로 동작하는 센서들은 배터리의 용량이 곧 센서의 수명이 된다. 따라서 배터리 교체라는 유지보수를 하지 않고 오래 사용하고자 한다면, 센서의 데이터 샘플링에 따른 에너지를 고려하지 않을 수 없다. 센서 샘플링을 해야 하는 작동 주기에 따라 얼마나 센서가 얼마나 유지될 수 있는지에 대한 고려가 필요하다.

계측할 데이터의 종류는 얼마나 되는가?

하나의 센서 장치에 센서가 하나만 있는지, 혹은 여러 개의 센서가 있는지에 따라 각각 계측해서 전송할 것인지, 아니면 모두 계측한 후에 한 번에 전송할 것인지 등을 정해야 한다. 에너지 소비 측면에서 봤을 경우 데이터 전송에 대한 전류 소비가 적으므로 후자가 더 유리한 방법이다.

위와 같은 고려사항을 생각해서 계측할 수 있는 최소 주기를 확인하고, 정보로 활용할 센서 데이터의 필요 최소 주기를 결정하고, 센서 데이터의 종류를 파악하여 센서 전송주기를 결정하여야 한다.

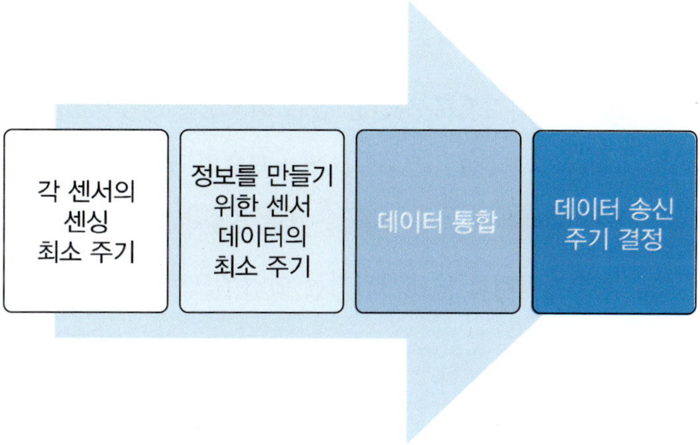

그림 2.26 스마트 센서 전송주기 결정의 단계

2 센서 소비전력 계산

센서의 상태별, 통신에 따른 소비전력을 정확히 계산하여 센서의 최소 구동 전력 및 예상 수명 등을 산출할 수 있다. 다음은 소비전력의 계산 예시이다. 여러 가지 시나리오에 대한 소비전력 산출방식을 참고하기 바란다.

소비전력 계산 예

센서의 소비전력에 있어서 특정 상용 센서 노드의 전류 소모량을 측정한 결과 대기(sleep) 상태에서 0.5 [mA], 통신 노드 연결 상태에서 약 1.4 [mA]의 전류를 소모하였다. MCU와 센서 칩만 있는 센서 보드는 정상적으로 대기 기능이 활성화되어 소모량이 적지만, 이처럼 통신 노드에서는 대기 상태 진입이 정확히 되지 않으면 예상보다 더 많은 전류를 소모한다. 데이터 전송 시에는 약 125 [mA]를 소모하고 있으며, 10분 주기로 데이터를 1회 전송하고 1회 전송 시 10초 정도 걸린다고 했을 때, 이것으로 시간당 전류 소모량은 약 3.45 [mA]이다. 이를 환산하면 한 달에 약 2484 [mA]의 전류가 필요한 것이다. 계산식에서 데이터 전송을 60초로 설정한 것은 실측보다 전류 소모량을 좀 더 크게 산정하기 위한 것이며, 추후 배터리를 증대시키기는 어려우므로 여분의 배터리 용량을 적용해야 한다.

표 2.1 소비전력 계산 예시

Status	절전 모드	데이터 전송
동작시간 [Sec]	3540	60
소모전류 [mA]	1.4	125
시간당 전류 소모량 [mA]	3.45	

배터리의 시간에 따른 방전 또한 고려해야 할 대상이다. 그림 같은 방전 곡선을 갖는 배터리를 위와 같이 평균적으로 3.45 [mA]를 사용하면 19 [Ah] / 3.45 [mA] = 19000 / 3.45 = 약 5,500시간을 사용할 수 있다. 배터리 레벨은

3.6 [V]로 되어 있으며 통신 노드에서 3.3 [V] 이상 입력되면 배터리 100%로 데이터를 전송하게 되고 2.5 [V] 이하에서는 저 배터리 알람을 전송하여 배터리 상태를 알리도록 해야 한다.

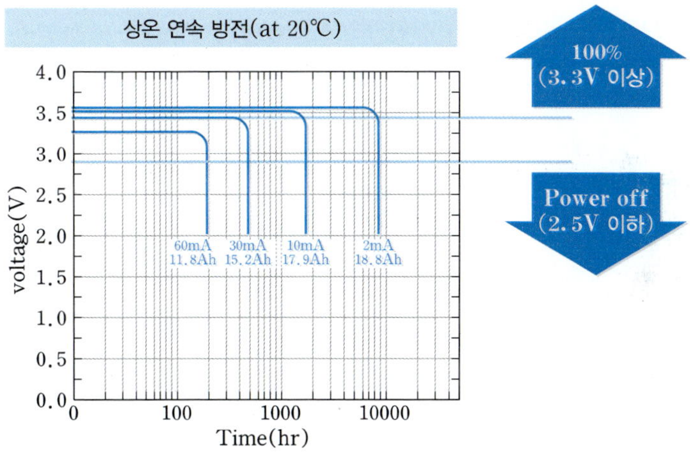

그림 2.27 배터리 방전 곡선 예시

위의 방식은 일반적으로 센서 노드가 게이트웨이와 통신하고 있는 상태이다. 그러나 센서 노드는 처음에 전원이 인가되면 아래와 같은 시나리오로 게이트웨이를 찾는 동작을 진행한다. 따라서 센서 노드의 수명은 다음과 같이 구할 수 있다.

- **센서 노드 수명(hour)**
  = total A / ((sleep A * (sleep T / 3600) + (동작 A * (동작 T / 3600))

  - 총전원용량(mA) = total A
  - 절전 모드에서의 소비전류(mA) = sleep A
  - 동작 모드에서의 소비전류(mA) = 동작 A
  - 1시간 중 절전 모드가 차지하는 시간(sec) = sleep T
  - 1시간 중 동작 모드가 차지하는 시간(sec) = 동작 T

예를 들어, 총전원용량이 19000 [mA], 절전 모드에서의 소비전류가 1.4 [mA], 동작 모드에서의 소비전류가 125 [mA]이고, 1시간 중 절전 모드가 차지하는 시간과 동작 모드가 각각 3540초, 60초라고 한다면,

센서 노드의 수명은

= 19000 / ((1.4 * (3540 / 3600) + (125 * (60 / 3600))

= 19000 / 3.459 = 5492.3 시간

으로 산출된다.

센서 노드 수명은 정상적으로 동작하였을 때만 적용된다. 즉, 네트워크 연결과 같은 부수적인 전류 소모는 따로 고려해야 한다. 게이트웨이를 찾는 과정에 대한 전류 소비 부분을 고려했을 때의 센서 노드의 수명 예측은 다음과 같다.

- **센서 노드의 수명 결정 요소**
  ① (주기적 동작에서) 전체 동작 시간 중 동작 모드와 절전 모드 비율
  ② 동작 모드와 절전 모드에서의 소비전류
  ③ 네트워크 접속 완료 시간 α

- **센서 노드 수명 계산**
  - Sleep Mode 비율 값
    = 전체 동작 시간(100%) 중 Sleep Mode가 차지하는 percent 값을 소수로 표현
  - 동작 Mode 비율 값
    = 전체 동작 시간(100%) 중 동작 Mode가 차지하는 percent 값을 소수로 표현
  - 평균 소비전류(mA)
    = Sleep Mode 비율 값 * Sleep Mode 소비전류 + 동작 Mode 비율 값 * 동작 Mode 소비전류
  - α(mA) = 초기 GW 검색, 네트워크 접속 절차 동안의 소비전류 값(hour 기준)

  → **센서 노드 수명(hour) = (전원용량(mAh) − α)/ 평균 소비전류(mA)**

- **센서 노드 수명 계산 예**
  → 전원용량 = 19000mAh
  → 소비전류 = Sleep Mode(1.4mA), 동작 Mode(125mA)
  → 주기 10분(600초)으로 동작 시 Sleep Mode는 595초, 동작 Mode는 5초 동작
  → 평균 소비전류 = (595/600) * 1.4 + (5/600) * 125 = 2.4299mA
  → α = 네트워크 접속 절차 동안의 소비전류는 약 1.597mAh
  (10개 채널 중 1개 채널에서 반응이 왔다고 가정, 각 채널당 5sec 소요, 반응은 1sec 소요, 따라서 46초 소요)

센서 노드 수명(hour) = (19000mAh - 1.597mAh) / 2.4299mA
= 약 7818.6 시간

참고로 동작 시각은 게이트웨이로부터의 메시지 수신 대기 시간이 약 5초 포함되어 있으므로 이를 줄이면 더욱 수명이 길어진다. 위의 예에서 동작 모드가 약 1초라면, 평균 소비전류는 1.6059 [mA]로 수명은 약 11830.3시간으로 약 4,011시간이 늘어나게 된다.

07 전력 IoT 스마트센서 동향

1 국외 동향

배전 선로는 긍장이 매우 길다. 이를 관리하기 위해 센서를 다양하게 개발하고 있다. 스마트센서는 배전 설비에 설치되어 상시로 상태를 감시하며, 계통 고장이나 이벤트가 발생하면 알람을 운영자에게 전송하여 선로 고장을 인식하고 고장 위치를 빠르게 찾아내어 신속하게 정전을 복구할 수 있도록 도와주는 장치이다. 또한, 전압이나 전류뿐만 아니라 온도, 습도, 기울기, 초음파, 자외선 등 상태정보를 전송하여 선로의 설계나 운영에 도움을 주기도 한다. 스마트센서는 그 형태에 따라 전선에 직접 설치하는 클램프 타입, 라인포스트 애자를 대체하는 포스트타입, 스위치류에 내장되는 내장 타입이 있다.

〈클램프형 센서〉 〈포스트형 센서〉 〈기기 내장형 센서〉

그림 2.28 배전 선로 감시용 스마트센서 개발사례

선로에 설치되는 스마트센서는 전원을 공급해주는 별도의 장치가 없도록 배터리로 동작을 하거나 자기유도(magnetic inductive) 현상을 이용해서 전원을 공급받을 수 있도록 하여 현장에 설치하는 것이 매우 간편하다. 배전 선로에서 스마트센서의 적용 분야는 다음과 같다.

- 선로 고장감지 및 고장 구간의 정밀한 파악, 추가적인 정전구간 예측
- 원격감시가 되지 않는 기기(리클로저, 개폐기, 변전소 CB 등)의 상태 감시
- 부하 및 선로상태의 원격감시를 통한 배전계획 도구로 활용
- 순간 정전, 전류 변동 등의 감시를 통한 수목 전지 시기 결정
- 전력품질(전압변동, 고조파, 상 불평형 등) 감시

국내의 배전 자동화와 같은 운영시스템을 적용하기 어려운 곳에 스마트센서를 설치할 수 있다. 이러한 스마트센서는 다양하게 개발되고 있는데 미국 EPRI(Electric Power Research Institute)의 개발사례를 소개한다. EPRI는 연구 프로젝트 프로그램 번호 180 중 'P180.015 Distribution Sensors'에서 배전 선로에 필요한 센서를 연구하고 있다. 주요 연구내용은 판매되고 있는 센서에 대한 검증(실험실), 현장 실증, 적용 지침 작성 등이며 이를 통해 전력회사에 필요한 기능 정의와 표준화를 목표로 하고 있다. 2016년에는 Cooper Power 社의 Grid Advisor Ⅱ, NOJA Power 社의 OSM Recloser Embedded Sensor에 대한 검증을 진행하였다. 2017년에는 Cleveland Price 社의 LineScope, Sentient 社의 ZM1, Lindsey 社의 200A ElbowSense Voltage Sensor 등에 대한 검증을 진행하고 있다. 또한, 2012년도에 개발된 센서를 어떻게 사용하

고 어떤 분야에 활용할 수 있는지에 대한 '적용 가이드'를 작성하였다. 한편 EPRI는 태풍이나 자동차 추돌로 인한 배전 전주의 도괴를 감시하기 위한 센서를 개발하고 있으며, 80개의 시제품을 Exelon 社의 자회사인 PECO 社, ComEd 社 및 Baltimore Gas and Electric 社 현장에 설치하여 실증을 진행하고 하고 있다. 이 센서에는 스마트폰에 사용되는 가속도계가 탑재되어 전주의 방향 변화를 감지할 수 있다. 수명은 15~20년을 기대하고 있으며, 생산단가는 약 $50이 될 것으로 판단하고 있으며, 전력회사는 $25까지 가격이 하락해야 경제성이 확보될 것으로 판단하고 있다.

〈EPRI 센서류 시험장〉

〈EPRI가 실증 중인 전주 센서〉

〈센서 설치 모습〉

그림 2.29 EPRI 스마트센서 개발 사례

PG & E 社는 2013년부터 2016년까지 캘리포니아 PUC(Public Utilities Commission)로부터 4.2백만 달러의 자금을 지원받아 'Smart Gird Line Sensors' 프로젝트를 수행하였다. 배전 선로의 고장 발생 구간을 정확하게 탐지하여 정전복구 시간을 단축하고, 배전계통 설계 및 운영 고도화를 위한 정확한 선로 조류 정보를 확보하는 것이 목표이다. PG & E 社는 총 18개 센서 제작사를 조사하여 4개 제품을 최종 후보군으로 선정하였다. PG & E 社의 시험센터에서 안전성, 설치 편리성, 운영, 정밀도, 연계, 통신 등을 집중 시험하였으며 총 3개의 제품(Sentient Energy 社의 MM3, Toll grade 社의 lighthouse, GE 社의 FMC-T6)이 현장에 설치되었다. 최종적으로 200개 이상의 선로(가공 및 지중 포함)에 1,542개의 센서(가공 : 1,452개/2종, 지중 : 90개/1종)를 설치했다. 실증기간 동안 수용가 정전시간이 12.6% 감소하였으며, 현장 작업에 투입된 비용도 12.2% 감소하였다. 또한, 스마트센서의 효과를 극대화하면 수용가 정전시간을 18% 정도까지 단축할 수 있을 것으로 결과가 도출되었다. PG&E 社가 운영 중인 3,250개의 선로 중 1,457개의 선로에서 투자 대비 효과가 긍정적인 것으로 분석되었다. 향후 스마트센서의 확대 적용을 통하여 선로 운영비 및 유지보수비용을 절감하고, 정전시간 단축을 통하여 수용가에 고품질의 전력을 공급할 수 있을 것으로 기대하고 있다.

Florida Power & Light(FPL) 社는 Sentient Energy 社로부터 배전 선로용 센서 2만 개를 주문하였다. 이 센서는 정전 발생 구역과 고장이 발생한 위치를 더욱 빠르게 파악하는 데 도움이 될 것으로 예상한다. 또한, Sentient 社의 'Ample Analytics Platform'도 같이 공급되었는데, 이를 통해 배전계통에서 발생하는 왜란을 확인하고 분석하여 DB화하면 향후 고장의 징조를 미리 파악할 수 있을 것으로 기대된다. FPL 社의 센서 실증은 2013년에 3천 개의 센서로 시작되었으며, 2015년부터 2만 개의 센서를 68,000km의 가공 배전 선로에 걸쳐 설치하고 있다.

DP & L 社는 총 100개의 센서를 설치했으며, 각각 원격 모니터링이 되지 않는 변전소 측에 87개, 과부하가 예상되는 선로 측에 13개가 설치되었다. 변전소 측에 설치된 센서는 변전소 CB의 개방으로 인한 저전류를 감지해서 운전원에게 즉시 정보를 제공하여 빠르게 정전을 복구할 수 있었다. 과부하 예상

선로에 설치된 센서는 리클로져의 정격을 웃도는 부하를 감지하여 해당 구간에 정전을 예방하는 효과를 거두었다. 또한, 센서의 설치가 간편하므로 특정 구간의 계절성 최대전력을 분석하고 증설이 필요한 선로용량을 결정하는 데 사용되고 있다. DP & L 社는 향후 능동적인 선로 부하 절체, 고장 구간 파악, 고장 예지를 기초 데이터수집, 전선 온도 측정을 통한 능동적인 선로용량 관리 등에 센서를 활용할 예정이다.

아래 표는 미국 전력회사가 실증에 사용한 스마트센서의 종류를 나타내고 있다. 이외에도 다양한 스마트센서가 출시되고 있다.

표 2.2 미국 전력회사가 실증에 사용한 스마트센서

제작사	Sentient	Tollgrade	GE	Eaton(Cooper)	Grid Sentry
모델명	MM3	LightHouse	FMC-T6	GridAdvisor	GS-250
사진					
고장전류 범위	~25kA	~17kA	–	~25kA	~25kA
전압감지 범위	4~35kV	–	–	–	–
전류 정밀도	±2%	–	±1%	–	±1%
최소 동작 전류	6A	6A	10A	5A	–
샘플링	130 sam./cyc.	–	32 sam./cyc.	–	116 sam./cyc.
전류 고조파	~11차	X	–	–	~19차
파형 저장	V, I	I	I	I	I
배터리	○	–	○	○	–
전선온도	-40~+150℃	–	-10~+85℃	–	-55~+125℃

스마트센서 현장 적용을 위해서는 다음과 같은 사항을 고려해야 할 것이다.

- 전송속도 : 실시간 감시를 위한 지연시간 최소화
- 저전력 : 배터리 수명을 최대화하거나 에너지 하베스팅 적용 방안
- 기술 표준화 : 생태계 조성 및 활성화를 위한 상호 호환성 확보
- 통신 신뢰성 : 무선 통신 시 주변 장비와의 통신간섭, 주변 사물에 대한 통신장애 최소화
- 네트워크 확장성 : 통신 거리를 최대화하고 타 통신 방식의 수용성 확보 등

스마트센서 소프트웨어 개발에는 다음과 같은 사항을 고려해야 할 것이다.

- 보드 설계 : 센서와 MCU의 interfacing
- 데이터 처리 : 각 센서의 특성 및 응용을 고려한 주기 분석, 단위 변환 등
- 동작 설정 : 특정 상황인지를 통한 event 통보기술, 상황인지 threshold 설정
- 통신규약 : 통신프로토콜 설계 및 게이트웨이와의 interfacing 등
- Firmware 관리 등

2 국내 동향

한전에서는 IoT 기술 기반의 '배전 설비상태 감시', '고장 예지' 기술 개발을 위해 '전력 IoT' 시스템 개발 및 실증 사업을 진행하고 있다. 지난 '15년에 연구과제를 시작하여 1차('16년), 2차('18년), 3차('20년) Test-bed(TB)까지 구축하였다.

전력 IoT 시스템에는 스마트센서뿐만 아니라 플랫폼, 서비스도 포함되어 있다. 배전 설비상태 감시를 위해 스마트센서의 기능과 성능을 개선하고 대규모의 스마트센서의 정보를 안정적으로 수집할 수 있는 운영기술을 확보하였다.

스마트센서는 배전 설비의 이상 상태를 검출할 수 있도록 개발하고 있다. 1차 TB에서는 IoT 시스템을 구성하기 위해 기본적인 신호처리, 무선 통신 연계에 중점을 두고 개발되었고, 2차 TB에서는 코로나 현상을 검출할 수 있는 초음파, UVC, 진동 신호를 검출할 수 있도록 개발되었다. 3차 TB에서는 부하전류의 자계를 전력변환하는 모듈 및 태양광 패널을 사용하여 배터리를 충전할 수 있도록 하여 스마트센서의 신호처리 성능과 활성화 시간을 확장하였다. 자계센서를 활용하여 부하전류를 측정하고 실효치로 환산하여 전송하고, 상시

표 2.3 진단형 스마트센서의 검출부 특성

센서 종류	검출 특성	오차 범위
온도 (절연유 온도)	• −40℃~120℃ • 정확도 : ±1°(@25°C)	최대오차 1.0°(@100°C)
온도 (장치 온도)	• −40℃~85℃ • 정확도 : ±1°(@25°C)	최대오차 1.7°(@20°C)
가속도 (진동, 기울기)	• 3축(x,y,z), ±2, ±4, ±8, ±16g • 정확도 : ≤40mg	x, y, z : 61, 112, 61mg
조도	0 ~ 80klux	최대오차 30lx
자계	-2.4 mT ~ +2.4 mT	최대오차 −16uT
UV-C	5mW/cm^2	※ 모의 방전 검출 검증
초음파	−64dB (40kHz)	※ 모의 방전 검출 검증

대기모드로 운전하여 고장 전류도 3 cycle 이내에 고속으로 검출할 수 있어 고장정보도 전송할 수 있다. 그리고 부분 방전(PD, partial discharge) 신호도 검출할 수 있도록 개발하였다.

전력 IoT용 진단형 스마트센서는 감시대상 설비의 이상 신호를 검출할 수 있도록 하였다. 스마트센서는 여러 센서 항목을 가지는 복합센서 형태이다. 설비 종류에 따라 구성 센서를 다르게 하였다. 주요 설비로 변압기, 개폐기, 애자, 전주가 있다.

변압기의 경우 스마트센서 본체는 외부에 있어도 검출부는 내부에 위치한다. 함체 내부에서 부분 방전이 발생하였을 경우의 빛, UVC를 검출하고 유온, 진동, 대기온도 등을 검출할 수 있도록 하였다. 설비별 구성 센서는 아래 표 2.4와 같다. 또한, 개발된 스마트센서의 크기는 적용되는 개소에 따라 다르게 개발되었다. 예를 들어, 완철에 부착하는 스마트센서의 경우 전주의 완철의 너비에 맞게 하였고, 스마트센서 함체에 자석을 두어 쉽게 설치할 수 있도록 하였다.

표 2.4 진단형 스마트센서 개념

구분	애자	변압기	개폐기
상태 감시	균열, 파손	권선 단락, 누유	부싱 균열
주요 검출정보	UV, 초음파, 자계	UV, 유온, 조도	초음파, 자계, 진동

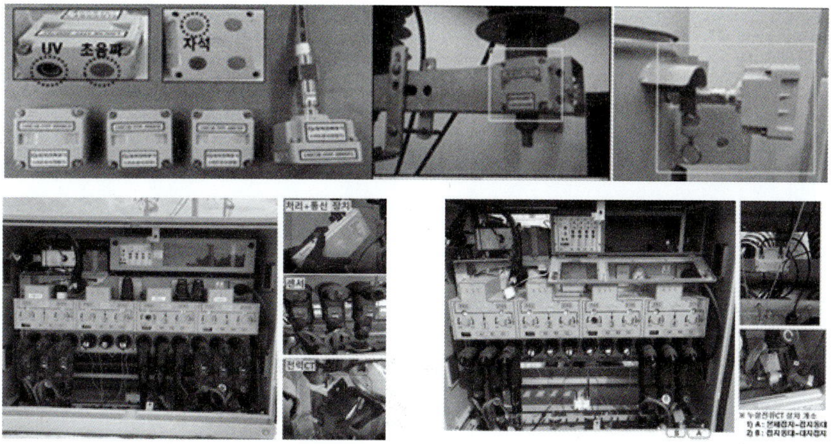

〈개폐기 누설전류〉 〈개폐기, 자가전원, 온도, 고장 전류 감시〉

그림 2.30 스마트센서의 적용

그림 2.31 전력 IoT 스마트센서 감시설비 및 수집정보

[지상 개폐기]

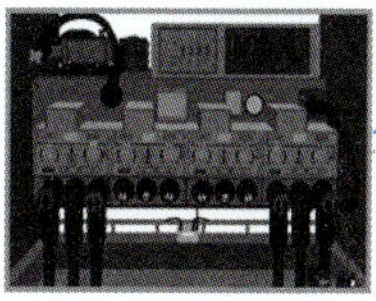

[지상 변압기]

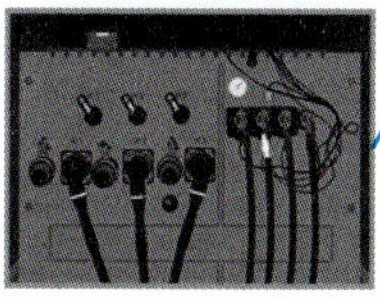

[전주(변압기, 개폐기)]

	감시설비		수집정보
①	자동 개폐기 감시 (PT전원)		누설전류 2개 (함체–o–동대(N)–o–접지)
②	수동 개폐기 감시 (전력CT)		전류, 온도(@엘보 표면, 최대 12개) (케이블에 전력CT 설치 전원 확보)
③	지상 변압기 감시 (저압전원)		• 전압(저압 B), 전류(3상) • 온도, 진동, 충격, 기울기
④	주상 변압기 감시 (태양광 패널)		• 방전音, 방전光(초음파, UV–C) • 온도, 진동, 충격, 기울기
⑤	가공 전선 감시 (전력CT)		• 부하전류 • 고장전류(약 1cycle 검출)
⑥	가공 전선 감시 (태양광)		• PD, 부하전류 • 온도, 습도
⑦	전주 접지선 감시 (태양광)		• PD, 누설전류 • 온도, 습도
⑧	중성선 감시 (태양광)		• 전류(영상 고장 전류 약 1cycle 검출) • 온도, 습도
⑨	전선 도난 감시		전류(전원 차단 감지)
⑩	환경감시		• 환경가스 4종(CO, NO_2, SO_2, O_3) • 미세먼지(PM2.5, 10), 온도, 습도

설비상태 감시를 위한
전력IoT

센서 무선 네트워크는 센서가 상호 연결성을 확보하기 위해 네트워크를 구성한 것을 의미한다. 보통 네트워크를 구성하는 노드는 컴퓨팅 능력과 통신 능력들을 갖추고 있으며, 여기에는 케이블들로 연결된 유선센서 네트워크와 무선통신을 활용한 무선센서 네트워크로 나눌 수 있다. 무선센서 네트워크의 장점은 유선통신보다 설치와 센서 구성이 편리하고 비용이 적게 소요된다. 그러나 무선인 만큼 센서에 대한 전원을 고려하지 않을 수 없다. 이 부분은 기술의 발달로 칩의 저전력 성능이 점차 좋아지고 있으며, 에너지 하베스팅 기술로 해결해 나가고 있다. 무선센서 네트워크의 특징으로는 다음과 같다.

■ **확장성**(Scalability)

네트워크를 구성하는 센서 노드의 수는 고정된 것이 아니라, 필요에 따라 추가하거나 제거할 수 있다.

■ **자율성**(Self network)

- 각 센서 노드는 자율적으로 무선 네트워크를 형성한다.
- multi-hop 및 ad-hoc

■ **장애 내성**(Fault tolerance)

전력 부족이나 물리적 손상 등으로 일부 센서 노드에 문제가 발생하여도 다른 센서 노드들은 이를 제외하고 정상적으로 동작할 수 있다.

■ **저가**(Low cost)

필요에 따라 많은 수의 노드가 사용될 수 있으므로 저가로 센서 제작이 가능하다.

- **저전력**(Low power consumption)

  무선센서는 제한된 에너지 공급원으로 동작해야하므로, 신호검출 및 통신에 대한 에너지 소비를 최소화해야 장기간 사용할 수 있다.

- **소량 데이터**(Small data)

  센서 노드들은 보통 계측값 혹은 제어 데이터와 같은 작은 용량의 데이터를 취급한다. 통신 속도 또한 보통은 250 kbps 내의 속도를 가지므로 적용하려는 분야에 적당한지 검토가 필요하다.

01 저전력 네트워크 구성

전력망에 설치하는 IoT센서 네트워크는 게이트웨이를 중심으로 유사한 크기의 커버리지(통신범위)를 갖도록 구성하는 것이 안정적이며, 항상 센서에서 소비하는 전력이 최소가 되도록 구성해야 유지보수 비용이 적다.

- 상대적으로 전력 소모가 큰 게이트웨이 장치는 전원과 통신망을 확보할 수 있는 장소(전주)를 기본으로 하고, 센서 네트워크의 중심점에 근접하도록 한다.
- 센서들은 각각의 계측 항목에 맞는 위치에 무선 통신장애가 최소가 되도록 설치한다.
- 주변 건물, 나무 등의 장애물과 전파의 통신 도달 범위를 고려하고 안테나 설치 방향을 결정한다.
- 물리적으로 통신 거리가 확보되지 않으면 중계 장치(Router)를 두어 도달 범위를 확장한다.
- 센서 네트워크의 구성 범위에 따라 메시 형태로 구성하거나 거리가 가깝다면 네트워크 비용이 적은 스타 형태로 구성한다.

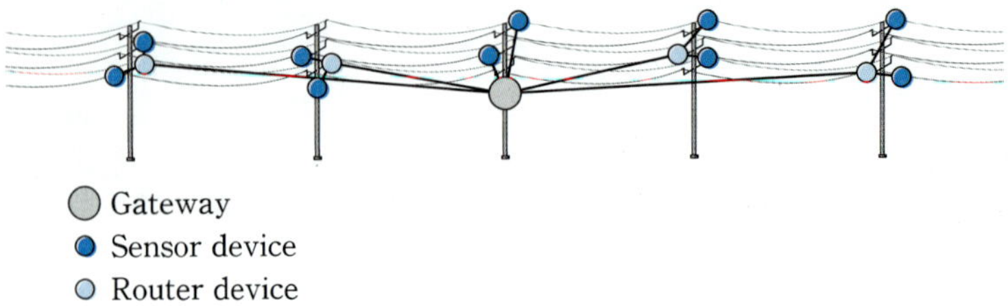

그림 3.1 배전망 센서 네트워크 구성의 예

02
데이터 수집주기 설정 및 트래픽 분석

센서 네트워크에서는 일반적으로 데이터를 주기적으로 계측한다. 상시 모니터링 기반의 IoT 감시는 일정한 간격으로 데이터를 계측함으로써 주위의 환경 변화 추이나, 감시대상의 상태 변화 패턴 등을 얻을 수 있다. 트래픽이란 무선 통신에서 오고 가는 메시지에 대한 데이터 송수신량으로 너무 많으면, 전력 소모, 데이터 손실이나, 전송 지연 등의 문제가 발생하게 된다. 따라서 트래픽이 일정 시간에 급증하지 않도록 각 센서의 데이터 계측 주기를 적절하게 할 필요가 있다. 센서 데이터 수집 주기 결정에 있어서 다음과 같은 사항들을 고려해야 한다.

- 환경 정보 측정의 경우 설비상태 계측 데이터와 융합분석 가능한 주기인가?
- 운전 중 설비 위험이나 이벤트를 감지할 최소 주기는 얼마인가?
- 설비상태를 추정할 최소 주기는 얼마인가?
- 서비스의 최소 주기는 얼마인가?
- IoT 인프라의 데이터 트래픽 문제가 없는가?
- 센서 디바이스의 전력 소모량, 저전력화에 문제는 없는가?
- 운영 플랫폼에서 수용, 관리하는데 적정한 데이터 수집량인가?

일반적인 환경 정보측정 같은 경우(예, 풍속)에는 10분에 한 번, 30분에 한 번 등 비교적 주기가 길게 계측되어도 큰 무리가 없다. 왜냐하면, 국내에서 강풍이 불어 전주가 쓰러진 경우가 거의 없고, 발생하기 어려운 경우의 수를 두고 측정을 자주 하는 것은 낭비가 될 수도 있다. 또한, 기울기 센서 등으로 전주의 이상을 측정할 수 있으므로 풍속 같은 경우는 보조적인 혹은 부가적인 센서로 계측하는 것이 일반적이다.

전력 IoT에 사용되는 센서들의 사례를 보면, 온도 센서의 경우 감시 대상 장치의 이상 시 열을 측정한다. 계측 주기를 길게 하면 지속해서 열이 발생하는 것인지 일시적인 것인지 파악이 어렵고 상태판단에 많은 시간이 소요될 수 있고, 계측 주기를 짧게 하면 이상이 없는데도 많은 계측을 하게 되어 불필요한 트래픽 발생 및 센서 전력 소비를 크게 한다. 따라서 적절한 주기의 선택이나 계측 주기에 대한 검토를 선행하여야 한다.

가장 좋은 정책 중의 하나는 계측과 전송의 분리이다. 전력설비에서 온도와 기울기 센서 등은 장치의 이상이나 전주의 기울어짐을 계측하는데, 평소에 이상이 없을 때는 자주 계측할 필요도 없고 이상이 발생했을 때 계측 주기가 길면 이상 발생 인지에 문제가 있다. 따라서 계측은 비교적 짧은 주기로 하고, 전송은 긴 주기로 하는 방법도 고려해 볼 수 있다.

또 다른 예로, 부하에 따라 변하는 변압기 온도를 계측하여 수명이나 상태를 파악할 수 있다. 변압기 표면 온도가 95도 이상이 되면 문제가 발생한 것일 수도 있으며 105도 이상이 되면 고장이라고 판정할 수 있다고 가정하면, 변압기 온도 변화가 10분 내로 이루어질 때, 계측은 1분마다 하고 기본적인 전송은

10분마다 하는 것이 합리적이다. 여기서 1분마다 측정할 때 온도가 95도 이상이면 이벤트 알람(event alarm) 성격으로 바로 데이터를 전송하는 방법이 있다. 이렇게 하면 평상시에는 계측은 1분마다 하지만 계측된 데이터가 이상값을 초과하지 않으면(임계치를 넘지 않을 경우) 전송하지 않는다. 만약 계측된 데이터가 임계치를 넘었을 경우 계측 주기와 관계없이 바로 데이터를 전송하도록 한다. 즉, 평상시에는 데이터 트래픽을 줄여 무선전송에 필요한 에너지를 줄일 수 있고, 긴급한 상황이 오면 즉각적으로 데이터를 전송함으로써 긴급함에 대한 알림 및 조치할 수 있도록 한다.

제4장

IoT 플랫폼

설비상태 감시를 위한 전력IoT

IoT 플랫폼은 물리적인 객체인 기기들과 IoT 서비스를 연결하는 기술적인 기반을 제공하여 센서 디바이스의 관리 및 구성, 데이터 수집 및 분석, 더 나아가 애플리케이션 지원 및 클라우드 또는 현장 서버와의 연결을 수행한다.

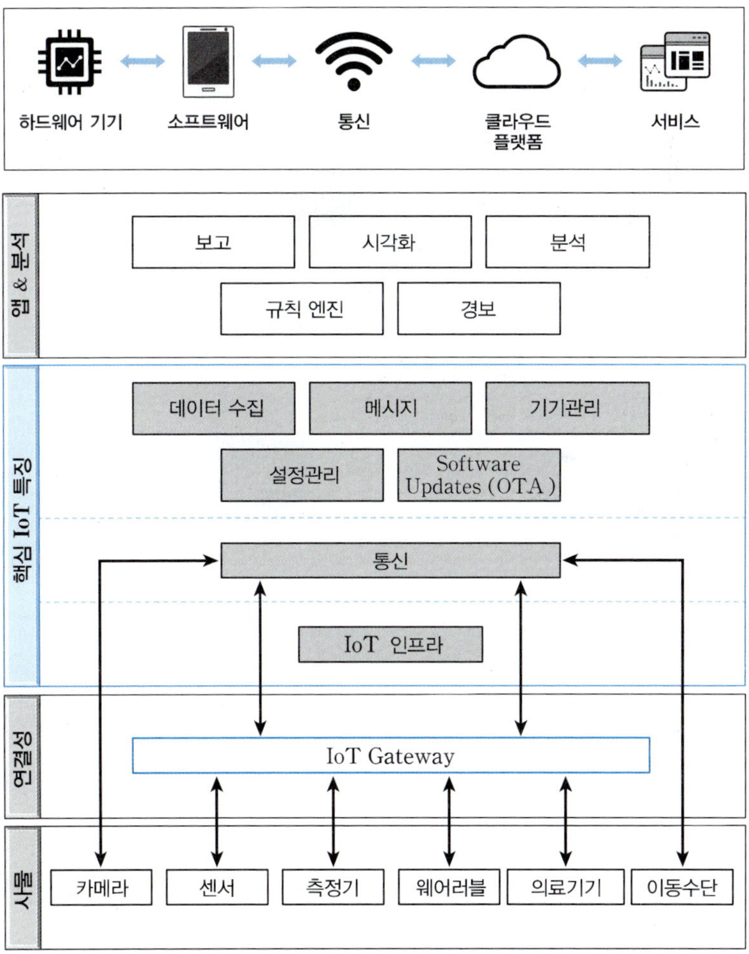

그림 4.1 IoT 기술 스택

이러한 플랫폼의 특징은 확장성, 사용 편의성, 보안성 또는 상호운용성 등으로 규정할 수 있으며 IoT 기반 산업의 요구에 대응하여 다양한 유형으로 진화해왔다. 아래는 대표적인 IoT 플랫폼의 특징이다.

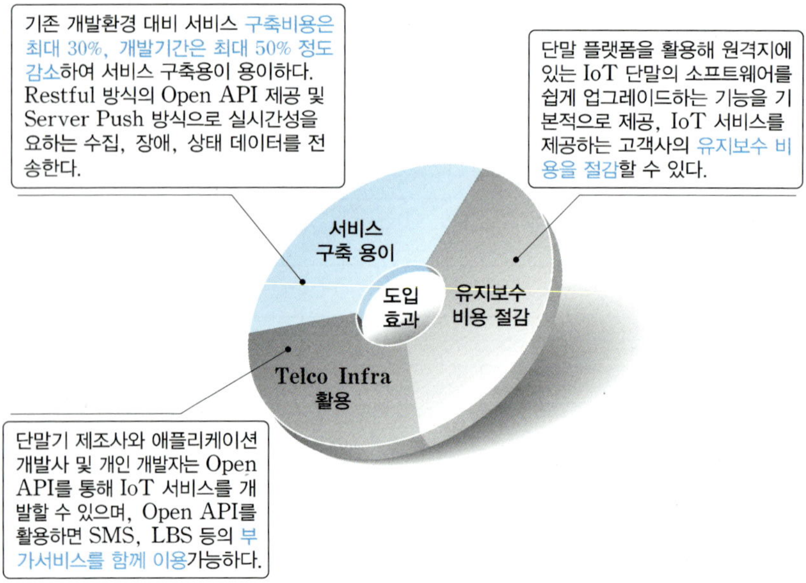

그림 4.2 IoT 플랫폼의 특징

- 확장성 : IoT 플랫폼의 연결 확장성은 가장 기본적인 특징으로서 여러 산업군에서 사용되는 다양한 기기들과 연동을 할 수 있어야 하며 지원 가능한 동시 연결 수나 처리량, 보장하는 서비스 품질 수준을 포함한다. 따라서 플랫폼의 규모나 처리해야 할 데이터가 많아진다고 하더라도 기존 서버를 업그레이드하는 대신 서버와 용량을 추가하여 수평적으로 확

장할 수 있어야 한다. 이를 통하여 작은 규모에서 거대한 규모까지 IoT 플랫폼을 구축할 수 있다.

- 사용 편의성 : 통합 API(Application Programming Interface, 응용프로그램 인터페이스)의 유연성 및 코드 제어 능력과 밀접한 관련이 있으며, 디바이스와 그 애플리케이션의 일부 기능을 사용자 정의하거나 추가 모듈을 개발해야 하는 모든 개발자에게 필수적이다. IoT 플랫폼의 사용 편의성에 따라 IoT 사업자가 쉽게 서비스를 구축할 수 있게 함은 물론이고 단기간에 IoT 사업자가 원하는 시스템을 구축하여 사용할 수 있다. 또한, API 테스트를 이용하여 서비스 시작 전 사전 검증을 통해 상용 서비스에서 생기는 오류를 예방할 수 있으므로 높은 서비스 품질을 제공할 수 있다.
- 보안성 : IoT 서비스의 확산으로 인터넷에 연결된 기기 자체가 사이버 해킹의 대상이 되기 때문에 보안 위협으로부터 안전이 보장되어야 한다. 데이터 보안은 IoT 환경의 사용 편의성에 영향을 주지 않으면서 사용자 인증, 권한관리, 접근관리, 사생활 및 전송되는 정보의 암호화를 유지하여 플랫폼 전체 영역에 대하여 보안을 제공한다.
- 상호운용성 : IoT 플랫폼은 브랜드, 모델, 제조업체 또는 산업 분야와 관계없이 서로 다른 기종의 하드웨어 및 소프트웨어에 구애받지 않는 기능을 제공한다. 즉, 여러 유형의 통신 프로토콜을 통하여 다양한 유형의 장치를 효과적으로 처리할 수 있는 기능을 제공한다.
- 모듈화 : 복잡한 시스템을 모듈화하여 IoT 구축의 목적 및 요구에 맞추어 플랫폼의 유연성과 확장성을 확보할 수 있다. 따라서 서비스들을 독립적인 모듈 형태로 제공하도록 구성하면 IoT 아키텍처에 서비스를 쉽

게 추가 및 제거할 수 있다. IoT 플랫폼의 역할은 크게 네 가지로 정리할 수 있다.

- 센서 디바이스 등의 하드웨어 연결 및 네트워크 관리
- 리소스/서비스 관리와 기기 관리
- 센서 디바이스 및 사용자용 보안과 인증 제공
- 센서 디바이스로부터 수집된 데이터의 취합, 시각화, 분석

IoT 플랫폼은 제공하는 리소스에 따라 크게 종단 간 플랫폼, 연결(connectivity)/M2M(Machine-to-Machine) 관리 플랫폼, 클라우드 플랫폼, 데이터 플랫폼 4개로 구분된다. 종단 간 플랫폼은 말 그대로 처음에서 끝까지 모든 관리 기능을 제공하는 플랫폼으로써, 하드웨어, 소프트웨어, 연결 프로토콜, 보안 관리시스템, 개발 도구, 업데이트, API 등을 포함하여 연결을 관리하기 위한 툴 등을 제공한다. 이는 펌웨어 업데이트, 디바이스 관리, 클라우드 연결 등 IoT 구현에 필요한 모든 관리 기능을 통합 제공한다. 연결/M2M 관리 플랫폼은 센서 데이터의 처리 및 분석보다 IoT 네트워크의 연결에 초점을 맞춘 플랫폼이다. IoT 시스템 내 기기 등을 온라인 상태로 유지하는데 필요한 소프트웨어, 연결 하드웨어 및 데이터 전달을 제공한다. 클라우드 플랫폼은 네트워크 스택 구축의 복잡성을 없애고 애플리케이션 및 서비스를 위한 호스팅 공간과 처리 능력에 초점을 맞추어 동시 연결 기기들을 감시하고 관리할 수 있는 기능을 한다. 데이터 플랫폼은 데이터의 흐름, 분석 및 시각화를 위한 기능에 중점을 둔 플랫폼을 말한다.

01 IoT 플랫폼 구성요소

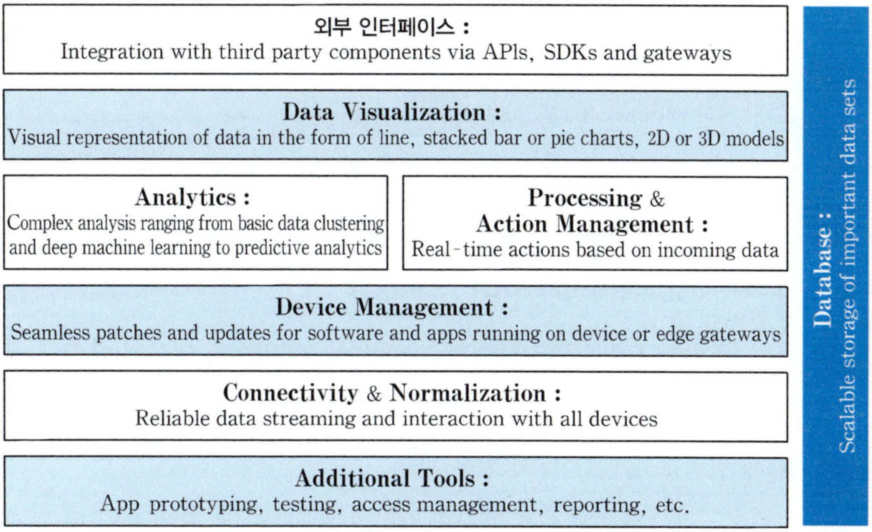

그림 4.3 IoT 플랫폼의 8가지 구성요소

IoT 플랫폼은 크게 8개의 구조적 블록으로 구성되어 있으며 각 블록의 역할은 다음과 같다.

- 장치관리 : 연결된 기기(센서 디바이스)의 관리, 기기 또는 게이트웨이의 소프트웨어 패치 및 업데이트 적용
- 연결 및 일반화 : 다양한 프로토콜과 데이터 형식을 하나의 소프트웨어 인터페이스로 만들어 모든 장치와 정확한 데이터 전달 및 상호작용
- 데이터베이스 : 장치에서 발생하는 빅데이터를 저장. 빅데이터에 맞게 확장 가능해야 하며, 종류에 따라 구조화(Structured Query Language) 혹은 비구조화(No-Structured Query Language) 데이터로 저장
- 분석 : 기본적인 데이터 그룹화, 딥러닝 기반 기계학습에서 예측 분석까지 다양하고 복잡한 빅데이터 분석 수행
- 처리 및 조치 관리 : 데이터베이스에 저장된 데이터에 대하여 규칙에 기반을 둔 처리 및 조치를 관리. 예를 들어, 특정 값 이상의 값이 계측되었을 때 알람을 울리는 등의 행동 관리
- 시각화 : 다양한 기법으로 구성된 현황판(Dashboard)을 통해 패턴 및 추세 관찰 가능
- 외부 인터페이스 : 내장 API, SDK 및 게이트웨이를 통해 다른 시스템과 나머지 광범위한 시스템과 연동하는 기능
- 기타 툴 : 연결된 기기들의 관리와 제어, 시각화를 위한 애플리케이션에 대한 시제품 제작, 시험, 관리 등의 기능

02 IoT 플랫폼 선택 가이드

현재 시장에 출시된 수많은 IoT 플랫폼 중 사용자나 기업의 환경에 맞춘 IoT 플랫폼을 선택하는 것 또한 쉽지 않다. 따라서 IoT 플랫폼 선택 시 고려해야 할 부분에 대하여 대표적인 사항은 다음과 같다.

- **통신 방식** : 필요한 통신 방식은?
  IoT 제품 및 플랫폼, 인프라에 필요한 통신 방식(Wi-Fi, IoT 통신 규격, 혹은 이동통신)을 선택해야 한다. 이런 통신 방식을 고려하여 적절한 플랫폼을 선택해야 한다.
- **서비스 형태** : IoT 플랫폼이 어떤 형태를 취하고 있는가?
  일부 서비스는 순수한 연결 지향적인 연결 관리 플랫폼이지만, 다른 서비스는 하드웨어, 소프트웨어를 제공하는 종단 간 솔루션이다. 현재 IoT를 구축하고자 하는 목적에 필요한 요소는 무엇인지 파악해야 한다.
- **IoT 운영 경험** : IoT 플랫폼이 얼마나 오랫동안 사용되었는가?
  새로운 인프라 및 플랫폼을 선정하는 데 있어서 오랫동안 운영하고 안정적인 서비스를 제공하는 것이 중요하다. 특히, IoT 시장은 새롭게 형성되었기 때문에 그 중 안정적인 플랫폼을 선택하는 것이 중요하다.

- **보안/개인 정보** : 과거 보안이나 개인 정보 보호 문제를 어떻게 처리하였는가?
  과거 보안 관련 이슈는 없는지, 개인 정보 보호 문제 및 해당 플랫폼이 어떻게 보안 문제를 해결하는지, 그리고 어떻게 이를 통해 복잡성을 해결할 수 있는지 관련 내용을 검토하는 것이 좋다.
- **관리된 통합/API 액세스** : IoT 플랫폼에 대한 접근성은 어떠한가?
  IoT 플랫폼에서의 이동통신 모뎀, 캐리어/SIM 카드, 디바이스 진단, 펌웨어 업데이트, 클라우드 연결, 보안, 애플리케이션 계층 등 IoT에 필요한 모든 복잡한 요소를 엔지니어링 팀이 별도의 작업을 수행할 필요 없는 단순한 패키지로 통합하였는지 파악해야 한다.
- **데이터 활용방식** : 획득 데이터를 어떻게 관리 및 운영할 것인가?
  IoT 플랫폼을 통해 획득한 데이터를 이용하여 IoT 플랫폼 내 서비스와 어떻게 통합하며 획득 데이터로 어떤 분석 및 관리를 할 계획인지 파악하고 제공 서비스가 이런 요구를 충족시킬 수 있는지 평가한다.
- **관련 구축 사례** : 과거 비슷한 구축 및 운영 사례가 있는가?
  IoT 플랫폼을 설치하는 목적 및 사례에 대한 운영 실적 및 관련 기성품 애플리케이션이나 개발자 키트, 스타터 패키지를 제공하고 있는지 살펴볼 수 있다. 일부 맞춤화가 필요할 수는 있지만, 처음부터 시작하지 않아도 되는 점은 상당한 시간과 노력을 절약할 수 있으므로 아주 좋은 선택이다.

- **엔지니어링 서비스/디바이스 관리** : 지속적인 협업 및 서비스를 할 수 있는가?

  IoT 플랫폼 도입 시 제품 개발 및 운영 프로세스를 지원할 수 있는 파트너가 필요하다. 미래에 지속적인 협업이 가능한지, 서비스를 받을 수 있는지 파악해야 한다. 어떻게 원격으로 디바이스 업데이트 및 오류 수정 내역을 전송하고 이런 과정이 간단한지 평가한다. 또한, 현장에서 IoT 디바이스 및 플랫폼 장비를 어떻게 모니터링, 세그먼트 등을 관리할 수 있도록 지원하는지 확인한다.

03 국외 IoT 플랫폼

IoT 플랫폼 시장에는 소규모 창업기업부터 글로벌 IT 기업까지 다양한 기업이 참여하고 있으며, 그 형태 및 서비스 종류에 따라 수백 가지의 플랫폼이 출시되어 있다. 구글은 안드로이드 OS를 중심으로 한 개방형 IoT 생태계인 '구글 클라우드 IoT'를 구축하였다. 엣지와 클라우드를 활용하여 데이터를 연결, 처리, 저장 및 분석하는 지능형 IoT 서비스를 제공하며, 기계학습을 위한 클라우드 텐서처리장치를 활용한 기계학습 서비스를 제공한다.

아마존의 AWS IoT 플랫폼은 클라우드(AWS CloudWatch) 및 DB(Amazon DynamoDB)와 연계하여 현재 전자기기, 산업 공장, 스마트 시티 등 다양한 분야에 서비스를 제공하고 있다. LG전자, Amway, 바이엘, Comcast 등 많은 기업과 개발자들이 AWS IoT를 이용하여 IoT 인프라를 구축하고 있다.

마이크로소프트(Azure IoT)는 A.I. 기반 클라우드를 바탕으로 한 종단 간 솔루션으로 기업의 보안성을 갖춘 비즈니스의 고도화를 지원하고 있다. 현재 100개의 데이터센터를 운영 중이다.

IBM 왓슨 IoT는 클라우드를 기반으로 모든 기기와 IoT 기기 데이터를 저장소에 연결하는 플랫폼이다. 또한, IBM이 가지고 있는 기존의 데이터 관리와 분석, 인지 컴퓨팅 기술을 기반으로 데이터의 특징 및 결함 진단, 예측 정비 등 다양한 산업 특화 솔루션을 제시한다. IBM은 빅데이터를 갖고 있거나 데이터 분석이 필요한 사업자에게 왓슨 IoT 플랫폼을 제공하고, 사업자들은 왓슨 IoT 플랫폼을 이용해 IoT 서비스를 구현한다.

PTC 사의 Thingworx는 산업용 클라우드를 위한 IIoT(Industrial IoT) 플랫폼으로, 개발자나 비즈니스 사용자들이 쉽게 애플리케이션을 만들고 실행할 수 있도록 해주는 다양한 기능을 제공하는 종단간 플랫폼이다.

04 국내 IoT 플랫폼

SKT는 자사의 통신 인프라 및 누적 데이터를 기반으로 스마트 홈 및 스마트 공장 시장에 대한 IoT 서비스를 지원한다. IoT 표준 중 하나인 oneM2M 표준을 따르는 디바이스, 애플리케이션과 쉽게 연동이 가능한 개방형 IoT 플랫폼인 ThingPlug 플랫폼은 LoRa 기기와의 연동 기능을 지원하며 네트워크 통신 구조에 관한 기술을 지원한다. ThingPlug 플랫폼을 통하여 IoT 디바이스 및 데이터의 실시간 모니터링, 데이터 분석을 통한 최적화된 의사결정 지원, 디바이스 관리 등의 기술을 제공한다.

삼성은 기존의 흩어져있던 IoT 서비스인 SmartThings, Samsung Connect, Artik Cloud의 플랫폼을 SmartThing로 통합하였다. 가전제품 및 IoT 기기를 클라우드 내 다양한 통신 규격의 네트워크로 연결하고 중계 및 제어한다. 삼성 제품뿐 아니라 외부 개별 기기들에 대한 호환 프로그램인 WWST(Works With SmartThings) 프로그램을 제공하여 스마트폰 앱으로 연동된 IoT 기기들에 대한 조작이 가능하며, 빅스비 서비스를 통하여 음성인식으로 IoT 기기들을 제어할 수 있다.

LG CNS의 INFioT는 oneM2M 기반으로 HTTP, MQTT, CoAP 등 다양한 프로토콜을 지원하는 IoT 플랫폼으로서, 스마트 시티, 자율 주행 자동차,

빌딩 관리, 스마트 공장, 통합 보안 등에 대한 IoT 서비스를 제공한다. 디지털 트윈 기술을 지원하여 실시간 계측 데이터를 기반으로 서비스 대상에 대한 상태를 분석하고 제어한다.

KT IoTMakers는 KT의 개방형 IoT 플랫폼으로, 다양한 개발자, 신생 기업, 중소기업들이 플랫폼에 투자하지 않고도 IoT 생태계에 참여할 수 있도록 GUI 기반의 워크플로우 설정 및 가상 디바이스 시뮬레이션 기능들을 제공한다. 또한, KT Cloud를 활용하여 빅데이터의 수집, 저장, 처리, 분석하여 시스템을 효율적으로 운영하고 관리하는 솔루션을 제공한다.

05

IoT 오픈소스 플랫폼 모비우스(Mobius)

미래창조과학부와 전자부품연구원(이하 KETI; Korea Electronics Technology Institute)의 주도하에 IoT 오픈소스 연합체인 OCEAN(Open Alliance for IoT standard)을 출범하였고 2017년 IoT 오픈소스 플랫폼 모비우스 2.0을 공개하였다. 모비우스는 IoT 표준 중 하나인 oneM2M Release 2 표준의 주요 기능을 지원하며 플랫폼 연동기술, 지원 툴 등 13개 오픈소스로 구성되어 있으며, 지속적인 업데이트 및 매년 모비우스 개발자 대회 개최, OCEAN summit 개최 등으로 국내 oneM2M 표준의 활성화를 앞장서고 있다.

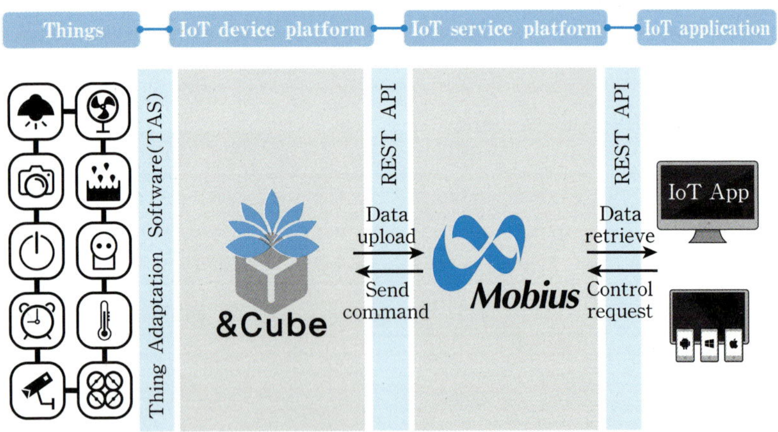

그림 4.4 모비우스 IoT 구조

표 4.1 OCEAN 내 공개 오픈소스

OCEAN 내 공개 오픈소스	설명
모비우스	IoT 서버플랫폼으로 oneM2M 아키텍처에 명시된 등록, 데이터 관리, 구독/통지, 관리, 보안 등의 공통 서비스 기능(Common Service Functions)을 지원한다.
nCube : Rosemary	게이트웨이 기능을 제공하는 플랫폼으로 하부 디바이스와의 연동(Lavender)을 지원하며 oneM2M 표준의 공통 서비스 기능을 지원한다.
nCube : Lavender	디바이스 플랫폼으로 nCube : Rosemary 플랫폼과 연계 또는 단독으로 모비우스 플랫폼과 연결한다. oneM2M 표준의 공통 서비스 기능을 지원한다.
nCube : Thyme	디바이스 플랫폼으로 디바이스에 연결된 센서 및 액츄에이터와의 연계 인터페이스를 통해 수집된 데이터를 모비우스와 연동한다. oneM2M 표준의 AE 기능을 지원한다.
nCube : Thyme Android	안드로이드 기반의 Thyme 디바이스 플랫폼
nCube : Thyme Arduino	아두이노 기반의 Thyme 디바이스 플랫폼
OCF Interworing Proxy Entity	OCF 기반의 디바이스를 oneM2M 플랫폼에 연동하기 위한 소프트웨어로서 상호 리소스 및 프로토콜의 변환을 수행한다.
LWM2M Interworking Proxy Entity	LWM2M(Light-Weight M2M) 기반의 디바이스를 oneM2M 플랫폼에 연동하기 위한 소프트웨어로서 상호 리소스 및 프로토콜의 변환을 수행한다.
oneM2M Browser	oneM2M 기반 플랫폼의 리소스 실시간 모니터링 및 관리 툴
oneM2M Tester	oneM2M 표준 적합성 시험을 위한 툴
oneM2M API Testing	모비우스의 REST API를 시험하기 위한 Postman 스크립트
oneM2M Android Application	oneM2M 안드로이드 앱을 만들기 위한 샘플 소스

모비우스는 IoT 제품(디바이스)과 응용 소프트웨어만 개발하여 IoT 서비스를 상용화할 수 있도록 네트워크, 서버, 접근인증, 과금 등을 지원하고 스마트

폰과 연동되는 다양한 소프트웨어를 지원한다. nCube는 IoT의 디바이스 플랫폼으로서 TAS(Thing Adaptation Software)를 이용하여 센서에서의 값을 측정하고 IoT 서비스 플랫폼인 모비우스로 값을 전달하는 역할을 한다. TAS는 기기와 nCube와의 연결을 위한 소프트웨어로 이용하고자 하는 사물의 API를 결정한다. OCEAN에서 제공되는 오픈소스의 종류는 다음 그림과 같으며, 각각의 플랫폼은 디바이스, 게이트웨이, 서버 등 구조에서의 플랫폼 역할을 한다.

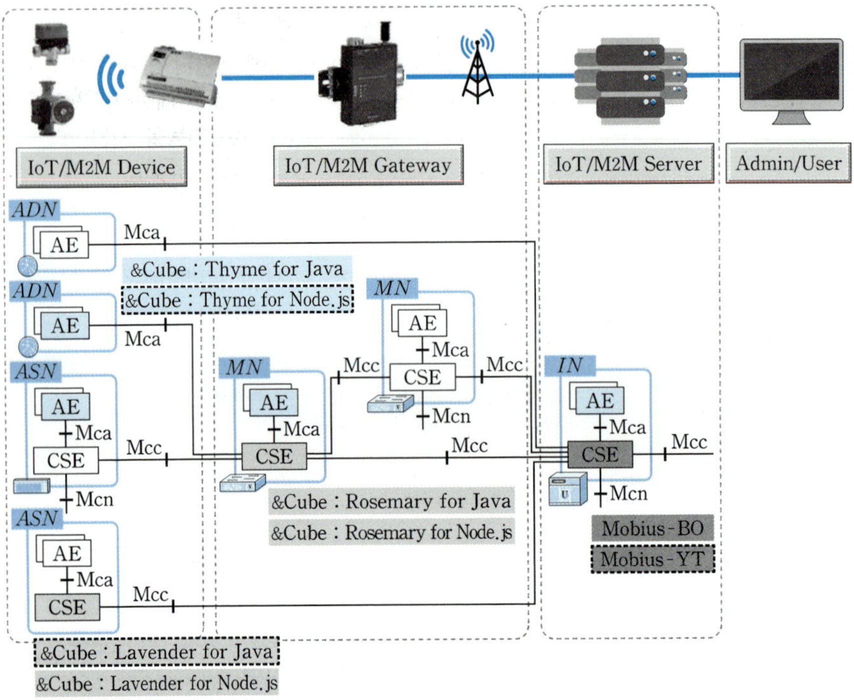

그림 4.5 모비우스 활용 IoT인프라 구성도

모비우스를 활용하여 IoT 인프라를 구축하고 플랫폼 환경에서 디바이스를 운용하는 것은 크게 서버 하드웨어에 모비우스 서버플랫폼을 설치하는 IoT 서버 구축과 센서, 액추에이터 등을 포함한 디바이스에 nCube 디바이스 플랫폼 및 TAS를 설치하여 IoT 플랫폼과 연동하는 IoT 디바이스 설정이 있다.

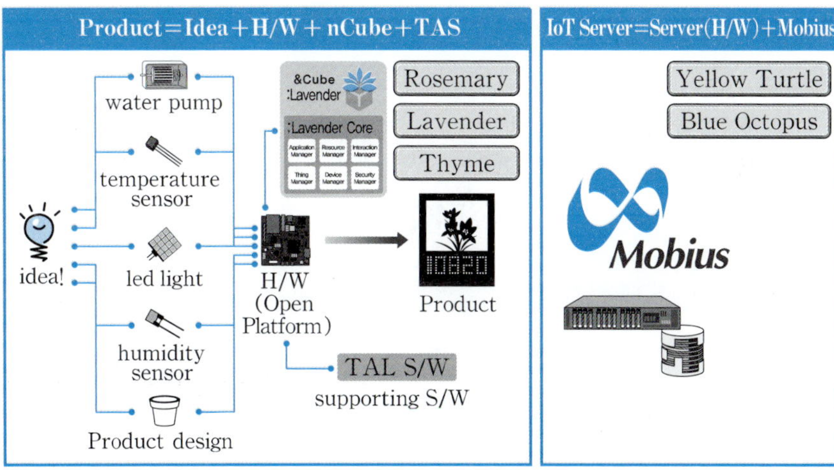

그림 4.6 모비우스 활용 IoT디바이스 연동 구성도

Mobius 서버플랫폼 설치 및 구동

OpenMobius 플랫폼은 기기와 애플리케이션 서비스를 연결하는 임무를 수행하며 다양한 프로토콜과 Open API를 제공한다. 사용자는 애플리케이션의 Open API를 통해 플랫폼에 저장된 데이터의 조회 및 제어 요청을 하며 플랫폼은 애플리케이션의 요청을 기기로 전달한다. 기기와의 연결을 위해서는 HTTP, CoAP, MQTT 등의 프로토콜을 지원하며, 리소스의 저장을 위한 데이터베이스는 MySQL을 이용한다.

이번에는 모비우스 플랫폼의 설치와 구동하는 과정을 간단하게 소개하고자 한다. 먼저, 플랫폼 데이터베이스를 위한 데이터베이스 관리시스템(DBMS : DataBase Management System)을 설치하고 그 후 MQTT 서버 및 NodeJS를 설치하여 구동을 위한 환경을 구성한 후, 모비우스 서버를 설치하여 플랫폼을 구축한다.

그림 4.7 Mobius Platform 설치 순서

1 데이터베이스 관리시스템

데이터의 저장 및 관리를 위하여 오픈소스 기반의 관계형 데이터베이스 관리시스템인 MySQL을 설치한다. MySQL은 다양한 버전이 있는데, 무료로 사용할 수 있는 GPL(GNU Public License) 버전인 MySQL 커뮤니티 서버를 내려받을 수 있다. (http://dev.mysql.com/downloads/mysql) 모비우스를 실행하기 위해서 설치 스타일 중 MySQL Server와 MySQL Workbench가 설치되어야 하며, Config type으로는 개발자로서 Development Machine을 선택한다.

2 MQTT 서버

모비우스에서 지원하는 프로토콜 중 MQTT를 사용하기 위해서 오픈소스 기반의 MQTT 브로커인 Mosquitto 서버를 설치한다. Binary Installation에서 각 운영 체제에 맞는 Mosquitto를 설치하면 된다. (http://mosquitto.org) 설치가 완료되면 제대로 설치되었는지 보기 위하여 명령 프롬프트 상에서 mosqitto 서버가 설치된 폴더로 이동하여 다음의 명령어를 실행하고 결과를 확인한다. MQTT는 publish/subscribe의 게시/구독 형태로 되어 있으므로, 명령어는 sub 프로그램과 pub 프로그램을 각각 실행하고 pub 프로그램으로 Hello MQTT test라는 메시지를 게시하였을 때 sub 프로그램으로 메시지를 잘 수신했는지를 확인한다.

- mosquitto_sub.exe –h localhost –t /mytopic/1(mosquitto_sub.exe을 실행하고 메시지의 수신 대기)
- mosquitto_pub.exe –h localhost –t /mytopic/1 –m “Hello MQTT test”(mosquitto_pub.exe 실행하고 Hello MQTT test라는 메시지를 송신)

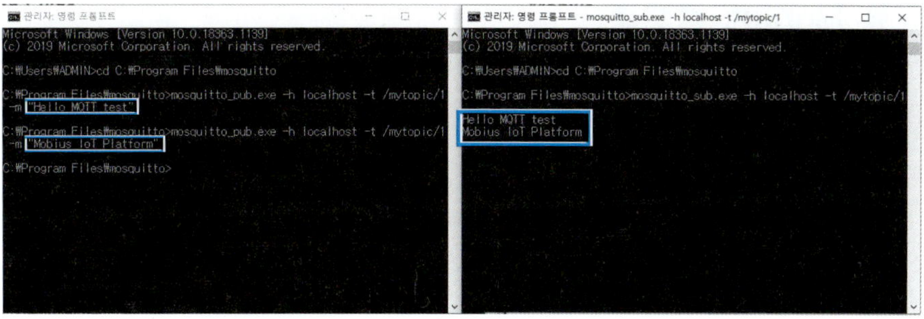

그림 4.8 pub/sub 프로그램의 실행으로 메시지 송/수신 확인

3 네트워크 서버

오픈소스 기반 네트워크 서버로 node.js를 사용한다. Single-thread를 기반으로 하여 저성능 하드웨어에도 잘 동작하며 자바스크립트를 사용하고 강력한 라이브러리를 포함하고 있으므로 자료(모듈, 라이브러리)들을 구하기가 쉽다. (http://www.nodejs.org) 설치 후 그림과 같이 명령 프롬프트에서 실행하여 설치되었는지 확인한다.

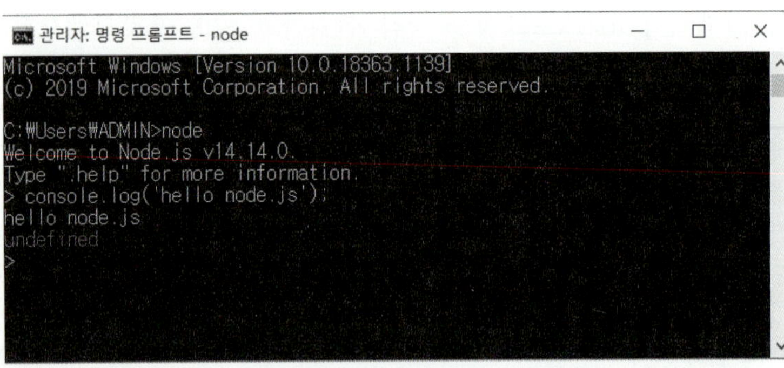

그림 4.9 node.js의 설치 확인

4 Mobius 플랫폼

위의 순서대로 설치를 완료하였으면, 다음은 Mobius 플랫폼을 설치할 차례이다. Mobius는 OCEAN Alliance에서 제공하는 GitHub에서 다운로드 가능하다. (https://github.com/IoTKETI/Mobius) node.js가 설치되어 있다면 Mobius에 사용된 node.js 모듈을 설치하면 별도의 작업 없이 실행할 수 있다.

- mobiusdb 데이터베이스 생성

  이전 설치된 MySQL Workbench에서 데이터베이스를 생성 후 mobius DB 테이블을 가져온다. (mobiusdb.sql)

5 Mobius 플랫폼 구동

설치된 Mobius를 구동하기 전에 환경설정을 수행해야 한다. 환경설정은 모비우스가 설치된 폴더 내 conf.json 파일을 업데이트 하면 된다. 모비우스가 오픈하는 포트를 csebaseport에, MySQL을 설치하면서 설정한 MySQL 데이터베이스 접근 암호를 dbpass 란에 기입하는 것인데, 이는 모비우스가 실행되면서 바로 데이터베이스에 접근하도록 한다. 또한, 처음 연결하는 경우 MySQL의 인증방법이 mysql_native_password가 아니라 접속이 되지 않는 경우가 있는데, 이는 MySQL에 접속하여 root 혹은 접속하고자 하는 사용자의 인증방법을 바꿈으로써 해결할 수 있다.

MySQL을 우선 실행하기 위해선 명령 프롬프트에 다음과 같은 코드를 수행하면 되며, 이것이 실행되지 않으면 MySQL server가 설치된 폴더를 내 컴퓨터의 고급 시스템 설정 중 환경 변수에서 경로(path)에 추가하면 된다.

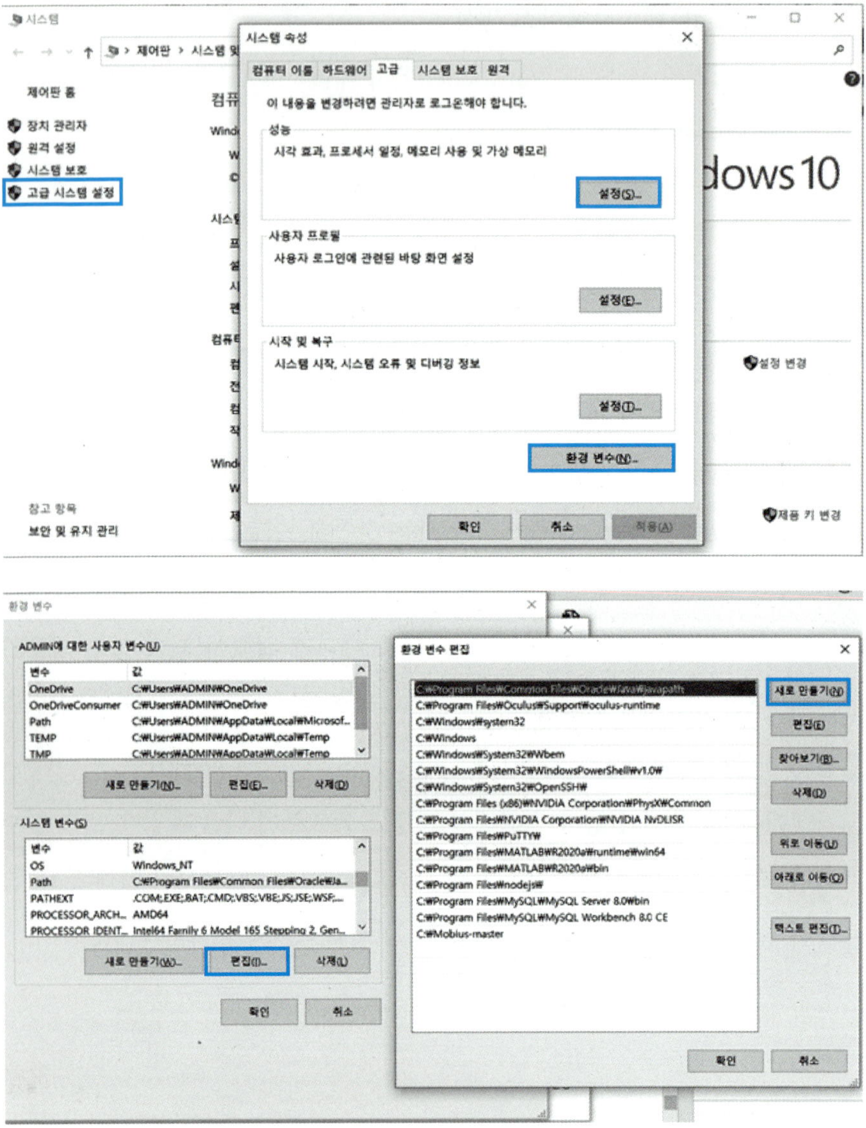

그림 4.10 MySQL 실행을 위한 경로 추가

그 후 다음과 같은 코드를 수행하여 인증방법을 변경한다.

```
MySQL -u root -p
mysql> ALTER USER 'root'@'localhost' IDENTIFIED WITH mysql_native_
password BY 'password';
```

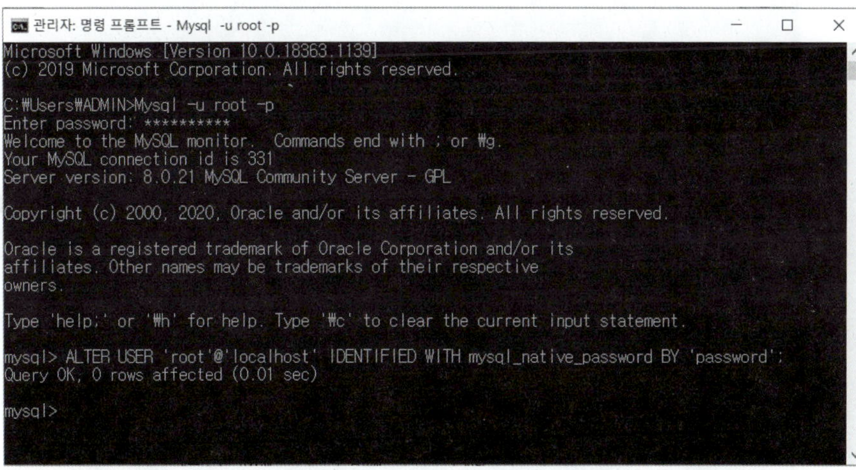

그림 4.11 MySQL 인증방법 변경

설정 정보를 업데이트한 후 아래와 같이 설치된 폴더에서 'node mobius.js' 명령어를 실행하여 Mobius 서버플랫폼을 구동한다.

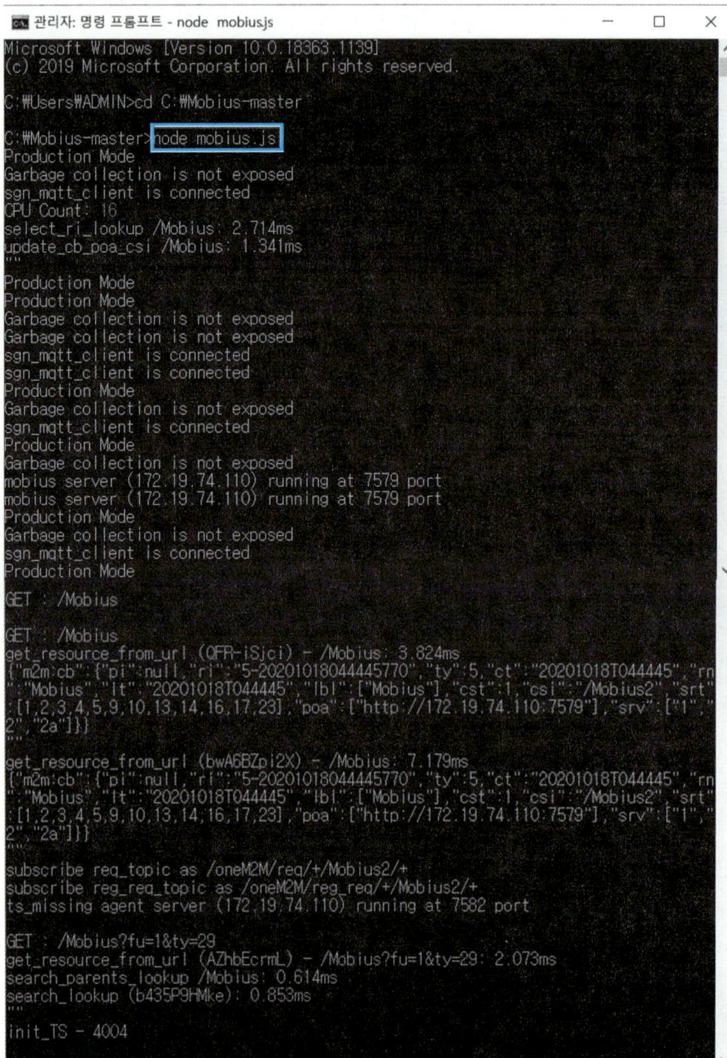

제5장

IoT 기술 표준

다양한 업체 및 기구에서 각각 IoT 솔루션 및 플랫폼을 개발해 왔다. 이에 따라, 글로벌 호환성의 확보가 계속 요구됐고, W3C, ITU-T, oneM2M, IETF, IEEE 등 다양한 국제표준 기구에서 IoT 관련 기술의 표준을 개발하고 있다. IoT에 대한 표준은 크게 공식적 표준과 사실적 표준, 그리고 포럼/연합체 표준으로 나뉜다.

공식적 표준은 이름 그대로 국제 표준화 기구에서 일정한 절차와 심의를 거쳐 제정된 표준이다. 국제 표준화 기구에서는 국가나 지역의 표준화 활동 결과를 국제 표준화 활동에 반영하거나, 국제표준을 국가 표준화 활동과 산업체에 반영한다. 공식적 표준을 위한 표준화 기구는 다음과 같으며, 국제표준 제정에는 약 3년~6년이 소요된다.

표 5.1 표준화 기구 목록

구분	단체
국제표준화기구	ISO, IEC, ITU
지역표준화기구	ETSI, APT
국가표준화기구	ANSI, SCC, JISC. 국가 기술표준원
단체표준화기구	TIA, TCC, ARIB, TTA

공식적 표준과 대비되는 표준인 사실상 표준은 기업 간 경쟁을 통하여 시장에서 결정되는 시장 표준을 말한다. 시장의 요구를 기반으로 한 표준이기 때문에, 사업화를 목적으로 표준화를 추진하며 표준 제정 속도가 상대적으로 빠르다. 최근에는 사실상 표준의 확산을 위하여 공식적 표준화 기구와 협력을 추진하고 있다.

포럼/연합체 표준은 몇몇 기업들이 자주적으로 결합해 포럼 또는 연합체를 구성하여 제정한 표준이다. 기업들이 자발적으로 연합하여 정하여 사실상 표준과 비슷하나, 시장에 대한 요구를 만족하기 위한 목적이 아닌 표준에서 낙오된 기업들이 연합해 선두 기업에 대항하는 수단으로 이용되기도 한다.

현재는 여러 공식적, 사실적 표준과 업체/산업별 비표준의 다양한 하드웨어, 소프트웨어가 혼재되어 있으며 사실상 표준화 대표기관인 oneM2M을 중심으로 IoT 호환성의 확보를 위한 공통 플랫폼 기술의 표준을 이끌고 있다.

01 IoT 표준화 기구

1 oneM2M

oneM2M은 한국의 TTA[1]를 비롯한 전 세계 6개 주요국 표준화 회원사[ETSI[2](유럽), TIA[3]/ATIS[4](북미), ARIB[5]/TTC[6](일본), CCSA[7](중국), TSDSI[8](인도, 2015.2 가입)]가 글로벌 IoT 서비스의 공통 플랫폼 표준기술을 개발하기 위하여 2012년 7월 발족된 사실상 표준화 단체이다.

oneM2M의 기술 워킹그룹(Working Group)은 크게 요구사항 및 데이터 모델을 다루는 Requirement and Domain Models(WG1), 구조 설계, 프로토콜, 보안 규격을 개발하는 System Design and Security(WG2), 테스팅, 개발자와의 소통 강화의 역할을 담당하는 Testing and Developer Ecosystem(WG3)으로 나뉜다. 현재 IoT 표준화 기구로는 세계 최대 규모이며, 2015년 1월 Release 1

1) Telecommunications Technology Association
2) European Telecommunications Standards Institute
3) Telecommunications Industry Association
4) Alliance for Telecommunications Industry Solutions
5) Association of Radio Industries and Businesses
6) Telecommunication Technology Committee
7) China Communications Standards Association
8) Telecommunications Standards Development Society

규격을 공개하였다.

여기에는 다양한 IoT 서비스에서 필요한 공통 기능을 oneM2M 플랫폼이 제공하는 기능(CSF, Common Service Function)으로 정의하였다(데이터 저장/공유, 장치 관리, 그룹관리, 구독/통지, 위치 정보, 과금 등). 2016년 7월에는 다양한 산업계 IoT 플랫폼 및 네트워크 연동성을 강조하여 Release 2 규격을 공개하였다. 따라서 OCF, AllJoyn, LwM2M, 3GPP Rel-13 등의 기술과의 연동 규격을 제공하였으며 가전 기기들에 대한 정보 데이터 모델의 표준을 사용하여 가전 제조사 및 애플리케이션 개발자 간 별도의 데이터 모델을 정의해야 하는 번거로움을 없애고 디바이스 간의 호환성을 보장하였다.

2018년에는 기술의 발전에 대응하고 시맨틱(정보 수집, 상황 자동인식 등의 지능형 기술), 보안 등의 기능 향상 및 oneM2M 시장 확대를 위하여 Release 3을 공개하였다. 2020년 현재 다양한 도메인(스마트 시티, 자율 주행 등)에 대한 기술 지원 및 5G에 대한 상호 연동 등을 추가한 Release 4의 표준 개발을 진행하고 있다. 또한, ITU-T, IEEE, W3C 등과 밀접한 협력을 통하여 Release 내 주요 규격을 공식 기고로 제출하는 등 다양한 사용 서비스 및 디바이스들이 개발되어지고 있다.

2 OCF

OCF는 IoT 표준 및 오픈소스의 확산을 위하여 삼성, 인텔 등 산업체를 중심으로 2014년 7월 OIC(Open Interconnect Consortium)로 설립된 연합체 표준화 단체로서, 스마트홈의 대표적 국제표준단체인 UPnP포럼의 통합 및 MS, 퀄컴, LG

전자 등이 속해 있는 올신 얼라이언스(AllSeen Alliance)가 합류하여 OCF(Open Connectivity Foundation)로 확대되었다.

oneM2M이 다양한 통신 프로토콜과 응용계통 서비스와의 연동을 위한 공통 플랫폼 아키텍처, 보안, 테스트 등의 제공을 목표로 한다면, OCF는 IoT 기기 간(D2D) 연동, 나아가서 클라우드와 상호 연동을 위한 플랫폼 제공을 목표로 Zigbee, BLE(Bluetooth Low Energy), Z-Wave등 통신 프로토콜 연동, 코어 프레임워크 등의 기술을 제공한다.

OCF는 기기 간 공통 규격의 부재를 해결하기 위하여 2015년 12월 OIC Specification 1.0을 공개하였으며 기존의 표준규격을 수정, 보완하여 2017년 OCF Specification 1.0을 공개하였다. 이 후, 클라우드와 Wi-Fi, 보안 규격을 포함한 OCF Specification 2.0을 공개하였으며, 2020년 클라우드 open API등 신규 기능을 포함한 OCF Specification 2.2.0을 배포하였다.

3 IEEE(Institute of Electrical and Electronics Engineers)/P2413

IEEE는 1963년 발족한 전기전자공학자협회로서 전기전자공학에 관한 최대 기술 조직으로 주요 표준 및 연구 정책을 발전시키고 있다.

IEEE IoT 플랫폼 아키텍처

2014년 6월 IEEE는 IoT 아키텍처 구축을 통해 다양한 산업과 기술 영역으로의 확장을 목적으로 IEEE P2413 프로젝트를 개시하였다. 2019년 P2413- 2019

IEEE Standard for an Architectural Framework for the Internet of Things를 공개하였으며, 여기에는 다양한 IoT 분야(예 : 교통, 의료 등)와 공통 아키텍처 요소 간의 관계를 정의하는 표준 아키텍처 모델을 정의하였다. IEEE P2413은 크게 두 개의 워킹 그룹으로 나누어 스마트 시티에 대한 IoT 아키텍처 표준과(P2413.1-Standard for a Reference Architecture for Smart City(RASC)) 배전망에 대한 IoT 아키텍처 표준(P2413.2-Standard for a Reference Architecture for Power Distribution IoT(PDIoT))에 대하여 진행하고 있다.

- 스마트 시티에 대한 IoT 표준

  이 표준은 스마트 시티를 위한 다양한 IoT 응용에 대한 정의 및 지능적 운영 센터(IoC : Intelligent Operation Center)의 아키텍처를 정의하였다. 지능적 운영센터에는 디바이스 계층, 통신 네트워크 계층, IoT 플랫폼 계층, 애플리케이션 계층등 4개 계층으로 구성되어 있다. 또한, 스마트 시티용 IoT와 관련된 클라우드 컴퓨팅센터, 엣지 컴퓨팅 기술, 빅데이터 분석 등과의 관계 및 속성도 표준에 규정돼 있다. 지능적 운영센터의 기술 범위는 광범위한 데이터를 취합하여 도시 운영 상태를 가시화하고, 기관과 애플리케이션 간 효율적인 협업이 가능하며, 빅데이터에서 도출된 지식을 바탕으로 의사결정을 용이하게 할 수 있다.

- 배전망에 대한 IoT표준

  이 표준은 전력 배전망 시스템의 배치와 기존의 단일 배전망 운영 체제에서 IoT 플랫폼으로의 전환을 지원하는 배전망 클라우드 기반 플랫폼에 대한 참조 아키텍처를 정의한다. 이 표준은 기존 및 미래의 배전 그리드 운영 및 비즈니스 서비스를 지원하기 위해 단말 장치, 센서 및 액추에이터를 포함한 단말 계층, 통신 네트워크 계층, 에지(Edge) 컴퓨팅 계층, IoT 클라우드 기반 애플리케이션 계층 등 4개 계층을 정의한다. 또한 다양한 IoT 서비스, 빅데이터 및 기계학습에 대한 설명으로 실시간 의사결정을 주도하며, PDIoT(Power distribution IoT) 클라우드 운영 센터, 에지 컴퓨팅 노드, 센서 및 액추에이터, PDIoT를 지원하는 빅데이터 분석 간의 인터페이스와 상호 작용도 정의한다.

IoT 서비스를 위한 통신 기술 표준화

IEEE 802.15 워킹그룹은 무선 개인 통신망(WPAN; Wireless Personal Area Network) 표준을 규정하는 그룹으로써 IEEE 802.x 계열 무선 통신 기술(예 : IEEE 802.11 무선 LAN 기술)을 M2M/IoT에 적합하게 수정한 표준을 개발한다. 광무선 통신, IoT, 차세대 보안, 협대역 등 8개의 태스크 그룹(Task group), 5개의 연구 그룹(Interest group), 3개의 위원회(standing committee)로 구성되어 관련 분야의 표준을 개발 중이다. 2006년 표준 IEEE 802.15.4 제정하여 기본적인 하위 네트워크 계층에서의 저속 WPAN의 규격을 정의하였고, 표준 IEEE 802. 15.1로 블루투스 기술에 대한 규격을 정의하였다.

4 IETF(Internet Engineering Task Force)

IETF는 인터넷 아키텍처 위원회(IAB; Internet Architecture Board)의 산하 조직이며 인터넷의 운영, 관리, 개발 등에 대하여 협의하고 프로토콜의 표준을 개발하고 있는 사실 표준화 기구이다. IETF는 IESG(Internet Engineering Steering Group)에 의해 응용, 일반, 인터넷, 관리운영, 라우팅, 보안, 전송 등 총 7개 분야의 100여 개 워킹그룹으로 구성되어 특정 문제의 해결 및 세부적인 기술/표준에 대하여 개발하고 관리 중이다. IoT 환경에서의 IPv6 적용을 위한 6LowPan, ROLL, CoRE 등 다수의 표준을 개발 진행 중이며, CoAP 프로토콜은 다수의 표준화 기구에서 사용 중이다.

5 3GPP(3rd Generation Partnership Project)

3GPP는 이동통신과 관련된 사실상 표준을 제정하고 있는 유럽의 대표적인 이동통신 사실상 표준화 단체로서, 2005년 M2M(Machine-to-Machine)을 사람의 개입이 꼭 필요하지 않은 하나 혹은 그 이상의 객체가 관여하는 데이터 통신이라고 정의하고 타당성 연구를 시작하였으며, 2008년 MTC(Machine Type Communications)라는 이름으로 IoT에 대한 표준화 작업을 진행하고 있다.

IoT의 통신을 위한 무선 접속기술은 3GPP 계열의 셀룰러 기반과 비 3GPP 계열 저 전력 광역(LPWA; Low Power Wide Area) 통신표준으로 나뉜다. LPWA는 기기의 수명, 광역 연결성, 저가의 단말기, 소량 데이터 전송 등의 특성을 갖는 기술을 통칭하는 용어로서 IoT 통신에 적합하다. 2015년 비 3GPP

계열인 LoRa Alliance나 Sigfox 사에서 제공하는 저 전력 장거리 통신 표준(LoRa, Sigfox)에 대응하기 위하여 협대역 IoT(Narrow Band IoT)를 도입하기로 승인하였으며 주로 IoT 응용 분야인 스마트 미터링, 알람, 스마트 홈 서비스 등의 지원을 목표로 한다.

6 OMA(Open Mobile Alliance) SpecWorks

OMA SpecWorks는 휴대전화 업계의 사실상 표준 기관으로서 통신, 콘텐츠 전달 방식, 기기 관리 및 서비스, 상호운용성 등 6개의 워킹그룹으로 나뉘어 표준을 제정하고 발전시키고 있다. 기기 관리 및 서비스 활성화 워킹그룹(DMSE WG; 디바이스 Management & Service Enable Working Group)은 IoT에 연결된 다양한 기기 관리를 위한 장치관리 관련 표준 플랫폼 및 프로토콜인 LWM2M(Lightweight M2M)을 2018년 8월 제정하였고 (V1.1) 발전시키고 있다. 또한, OMA DM(Device management) 프로토콜, OMA 게이트웨이 MO(Managed Object) 프로토콜 등 네트워크에서 디바이스 관리를 위한 수많은 프로토콜을 개발하였다. OMA DM 프로토콜은 네트워크에서 모바일 디바이스와 같은 독립형 디바이스들을 관리하는데 사용되며, OMA 게이트웨이 MO 프로토콜은 게이트웨이 배후에 있는 종단 디바이스들을 관리하는데 사용된다. OMA LWM2M은 제약된 M2M 또는 IoT디바이스들을 관리하기 위해 이용될 수 있어 IoT 플랫폼에 사용하기 적합하다.

7 ITU-T(International Telecommunication Union - Telecommunication Standardization Sector)

ITU-T는 전기 통신의 개선과 효율적인 사용을 위한 국제 협력, 인프라 기술, 서비스 보급 등을 목적으로 정부 간 국제기구인 국제전기통신연합(ITU) 부문의 하나로 통신 분야의 표준을 책정한다. ITU-T에서는 IoT에 대한 정의를 새롭게 하고 이를 바탕으로 IoT 및 스마트 시티 등과 관련된 기술의 표준화 활동을 수행하는 ITU-T SG(Study Group) 20은 국제 공적 표준화 기구로 기존 SG 5, 11, 13, 16 등에서 나누어서 진행하던 핵심 권고안 및 표준화를 새롭게 신설하고 IoT의 개요 및 아키텍처의 표준을 개발하였다. ITU-T SG20은 크게 2개의 표준화 그룹(Working Party) 및 지역별(동유럽, 아프리카, 아랍, 라틴아메리카) 그룹으로 구성되며 각 표준화 그룹은 표준화 작업반(Question)으로 나누어져 다음과 같이 표준화를 진행 및 권고하고 있다.

▪ **표준화 그룹 1**

- Q1 : IoT 및 스마트 시티와 관련된 종단 간 연결, 네트워크, 상호운용성, 인프라 및 빅데이터 관련 표준화
- Q2 : 요구사항, 기능 및 사용 사례 정의
- Q3 : 아키텍처, 관리, 프로토콜 및 서비스 품질
- Q4 : 스마트 서비스, 애플리케이션 및 지원 플랫폼

■ **표준화 그룹 2**

- Q5 : 연구 및 신기술, 용어 및 정의
- Q6 : IoT 및 스마트 시티에 대한 보안, 개인 정보 보호, 신뢰성
- Q7 : 스마트 시티 평가 및 검증

다음은 IoT의 플랫폼, 통신, 보안에 걸쳐 종합적인 구조를 구성하는 표준들의 종류 및 특징들을 소개한다.

02 네트워크 계층별 IoT 표준

1 네트워크 통신 계층 : OSI 7계층과 프로토콜 4계층

OSI model	TCP/IP model	IoT protocols	표준화 동향: 인터페이스	표준화 동향: 데이터 포멧	표준화 동향: 보안	표준 개발 단체
7 Application	Application	HTTPS, XMPP, CoAP, MQTT, AMQP	oneM2M OMA DM, LWM2M IEEE P2413 OCF			oneM2M, OMA, IEEE
6 Presentation						IETF, OASIS
5 Session				HTTP, CoAP, MQTT		
4 Transport	Transport	UDP, TCP			DTLS, TLS	
3 Network	Internet	IPv6, 6LoWPAN, RPL	6LowPAN			
2 Data link	Network access & Physical	IEEE 802.15.4 Wifi(802.11 a/b/g/n) Ethernet(802.3) GSM, CDMA, LTE	3GPP MTC 802.15.4			IEEE, 3GPP
1 Physical						

CoAP, MQTT, XMPP, AMQP	HTTP, DHCP, DNS, TLS/SSL
UDP, DTLS	TCP, UDP
IPv6/ IP Routing 6LowPAN	IPv6, IPv4, IP Sec
IEEE 802.15.4 MAC	Ethernet (IEEE 802.3), DSL, ISDN, Windows LAN (IEEE 802.11), Wifi
IEEE 802.15.4 PHY/ Physical Rado	

그림 5.1 OSI 7계층에 따른 IoT 표준 동향

국제표준기구(ISO)에서 컴퓨터와 컴퓨터 사이의 데이터 전송에 필요한 표준화된 네트워크 구조를 제시한 기본 모델인 OSI(Open System Interconnection Reference

Model) 7계층은 통신 전반에 관한 기술을 정의하고 있는 통신 모델의 표준이다(ISO 공식적 표준). 이것은 네트워크를 단계별로 구분하여 효율성을 높이고 쉽게 데이터의 흐름을 확인하기 위하여 만들어졌으며, 오류를 찾아내는 데에도 유용하다. 1~4계층은 하위 계층으로 하드웨어 형태이며, 5~7계층은 상위 계층으로 소프트웨어 형태이다. 데이터 통신에서 한 단위의 데이터를 처리할 때 데이터의 형식화된 기본 전송단위를 패킷으로 칭하고 이 단위로 데이터를 분해하여 전송한 후 재조립한다. 이 같은 방식은 인터넷과 같은 비연결 네트워크에서 데이터 전송을 위한 효율적인 방법 중 하나다. 통신 기기의 사용자(user)는 7계층에 위치하며 데이터의 전송 시, 전송자가 보내고자 하는 데이터가 7계층에서 1계층으로 이동하면서 캡슐화된 후 물리적 연결을 거쳐 수신자의 1계층에서 7계층으로 이동하면서 데이터를 풀이한다.

TCP/IP 4계층은 OSI 7계층을 웹서비스에 맞게 단순화시킨 모델로서 실무적인 통신 기술의 구현을 위한 표준이다. TCP/IP는 인터넷 프로토콜 중 가장 중요한 역할을 하는 TCP(Transmission Control Protocol)와 IP(Internet Protocol)의 프로토콜을 합친 웹상에서 사용하는 규칙을 말한다. TCP는 데이터 전달, 정확성 확인, 흐름 등을 관리하는 규칙이다. 즉, 데이터를 작게 패킷으로 나누어서 전달하고 이를 다시 조립하여 원래의 데이터로 만드는 것을 관장한다. IP는 주소에 대한 규칙이다. 인터넷상에 연결된 모든 기기의 위치에 대한 규칙을 관장한다.

다음에서는 기존 TCP/IP 모델의 4계층(응용, 전송, 인터넷, 물리)에 따른 기능 및 이에 대응하는 IoT 스택에서의 프로토콜을 소개한다.

응용 계층

응용 계층(OSI의 5, 6 및 7계층)은 사용자 응용 프로그램으로부터 요청을 받아 이를 메시지 혹은 데이터로 변환하여 하위 계층으로 전달한다. 사용자와 가장 밀접한 계층으로 인터페이스의 역할을 하며 응용프로세스 간의 정보 교환 및 전송하는 데이터의 가공 및 처리, 통신장치 간의 상호작용 및 동기화 등 서로 상관없는 소프트웨어 시스템 사이의 상호 연동을 가능케 한다. IoT에서는 플랫폼 및 응용서비스가 이에 해당한다.

전송 계층

전송 계층은 5, 6, 7계층에서 종합된 데이터를 어떤 형식으로 전송시킬지를 정의하는 계층이다. 종단 간 통신에 중점을 두고 안정성, 혼잡 방지 및 패킷이 순서대로 전달되도록 보장한다. 이를 위하여, 패킷들의 전송이 유효한지 확인하고 실패한 패킷은 다시 보내는 등 신뢰성을 보장한다. 대표적인 데이터의 전송방식(프로토콜)은 TCP와 UDP(User Datagram Protocol)이 있다.

TCP는 오류제어, 흐름 제어, 타이머 재전송 등의 기능을 하며 신뢰성 확립을 통해 데이터를 손실 없이 정확하게 전달하는 프로토콜이다. TCP의 데이터 전달을 확인하려는 대표적인 방식인 3 way-handshake 방식은 정확한 전송을 보장하기 위하여 수신 측 디바이스와 사전에 데이터 전송 선로(session)를 만드는 것을 말한다. 이를 통하여 양쪽 모두 데이터를 송/수신할 준비가 되었다는 것을 보장한다. 예를 들어, 응용 계층에서 데이터를 받으면 세션 데이터로부터 적당한 크기로 받은 데이터를 잘게 쪼갠 후 일련번호를 부여한다.

반면, UDP는 단순히 데이터를 받거나 던져주기만 하는 프로토콜로서, 최소한의 오류제어 기능만 수행한다. TCP와 달리 UDP는 데이터를 쪼갠 후 일련번호를 부여하지 않기 때문에 순차적 안정성을 보장하지는 않지만, 속도가 빠르다는 장점이 있어 IoT 통신에 적합하다.

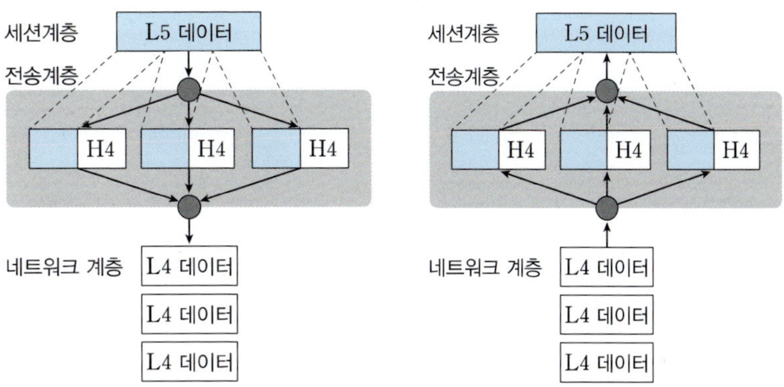

그림 5.2 전송 계층

인터넷 계층

이 계층은 OSI 7계층 중 네트워크 계층(3계층)에 대응된다. 이 계층은 다중 네트워크에서 패킷을 시작 시점부터 최종 목적지까지 효율적으로 전달하는 경로를 설정해 주는 역할을 한다. 즉, 데이터 그램이 가지고 있는 주소를 판독하고 주소에 맞는 네트워크를 탐색 및 해당 호스트가 받을 수 있도록 전송한다. 전송되는 데이터는 패킷 단위로 분해되어 전송한 후 수신 측에서 다시 합쳐진다. 이때, IP주소는 패킷에 포함되어 로컬 네트워크와 외부 네트워크를 구분할 수 있다. 따라서 받은 패킷을 로컬 네트워크의 특정 디바이스로 보낼지, 외부와 연결된 라우터로 보낼지를 결정한다. 이 계층의 프로토콜은 라우터가 IP주소로 식별되는 출처 및 대상 호스트 간에 데이터 패킷을 전달하는 방법을 정의하는데, 일반적으로 IoT 장치의 주소 지정에는 IPv6가 채택된다.

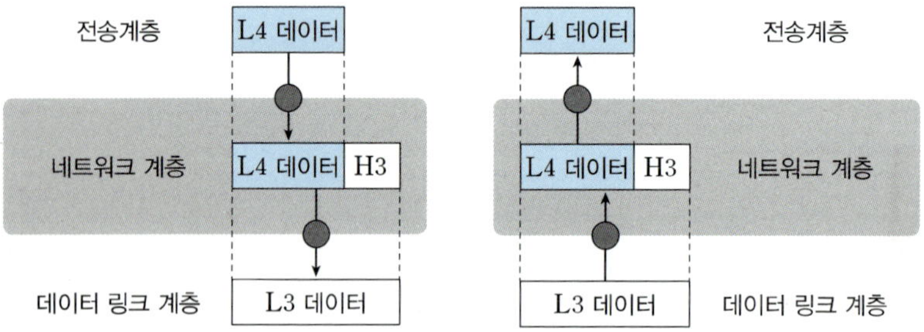

그림 5.3 인터넷 계층

네트워크 액세스 및 물리 계층

네트워크 OSI 7계층에서 물리 계층(1계층)과 링크 계층(2계층)을 포함한다. 이 계층은 특정 프로토콜로 규정하지 않고 모든 표준과 기술적인 프로토콜을 지원한다. 물리 계층은 각 장치가 물리적으로 네트워크에 연결되는 방식을 제어한다(예 : 광케이블 혹은 Wi-Fi IEEE 802.11 a/b/g/n과 같은 무선 네트워크의 경우 유선 또는 라디오). 데이터의 단위는 PDU(Process Data Unit)로 전기적 신호인 0과 1로 구분되는 비트이다. 따라서, 인코딩 전압 및 케이블 사양 핀 수 등을 정의한다. 받은 패킷을 연결된 모든 디바이스로 전달하기 때문에 L1 패킷에서 얻을 수 있는 정보는 없다.

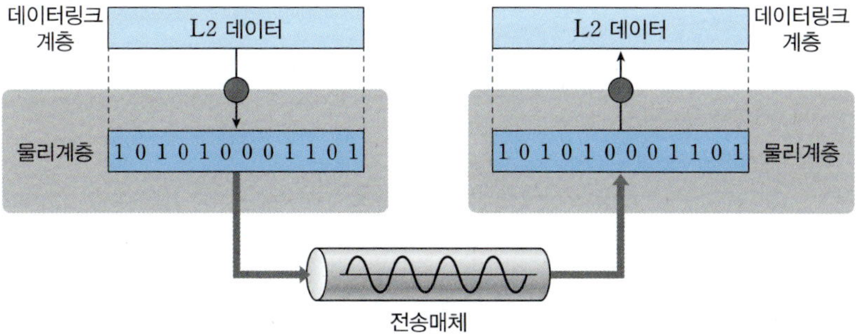

그림 5.4 물리 계층

물리 계층이 단지 데이터 전달의 역할을 한다면, 링크 계층은 물리적으로 연결된 두 장치 간 신뢰성 있는 정보의 전송을 담당한다. 전송 데이터의 단위는 프레임이며, 데이터에 헤더 물리적 주소 식별(MAC 주소)과 변조를 확인한다. 이 계층으로 패킷이 들어오면 목적지의 MAC(Media Access control) 주소를 확인하고 해당 장치가 연결된 포트로 패킷을 전달한다.

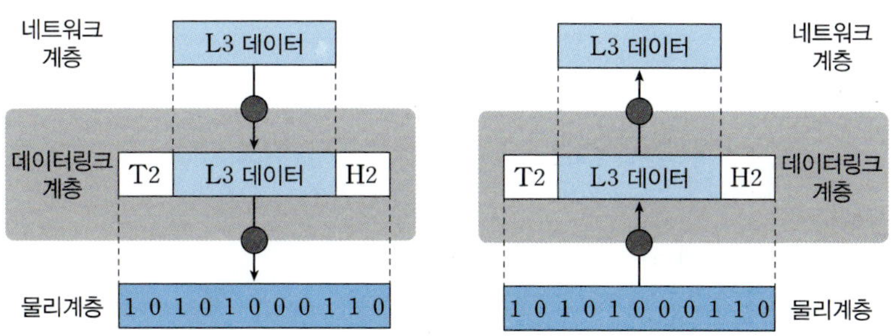

그림 5.5 링크 계층

2 IoT 플랫폼

oneM2M IoT 플랫폼

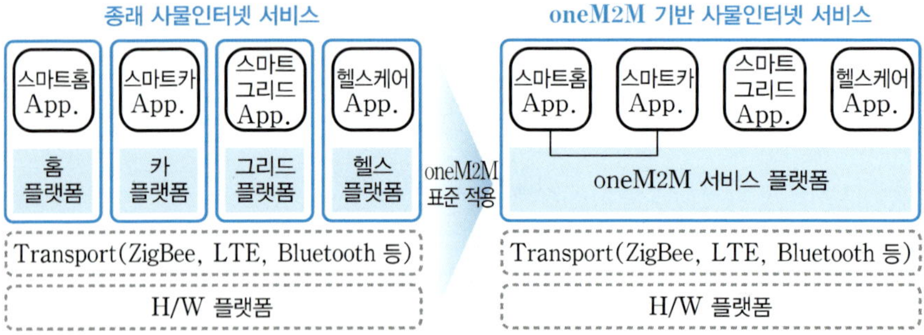

그림 5.6 oneM2M 표준이 적용된 IoT 서비스

oneM2M은 스마트 홈, 스마트 카, 스마트 헬스케어 등 다양한 IoT 응용서비스를 지원할 수 있는 공통 플랫폼(Common Services Platform)을 정의하는 것이 주된 역할이다. oneM2M에서는 애플리케이션 독립체(AE; Application Entity), 공통서비

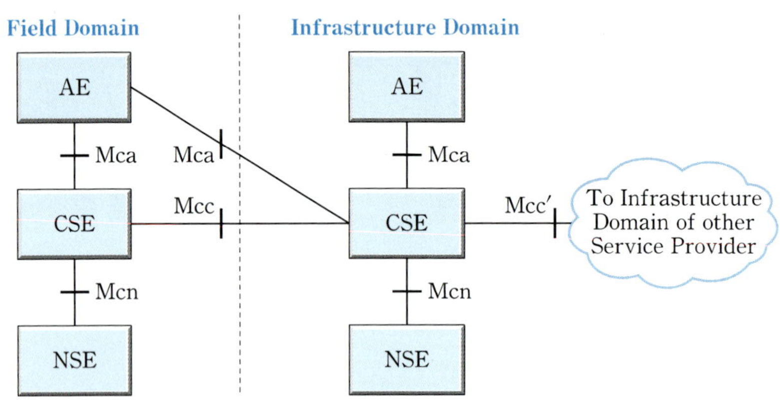

그림 5.7 oneM2M 기능 아키텍처

스 독립체(CSE; Common Service Entity), 네트워크 서비스 독립체(NSE; Network Service Entity)와 같은 공통 서비스 기능이 포함된 독립체(AE, CSE, NSE)를 수평적인 기본 구조를 가지는 세 가지 계층으로 분화 하고 하부 네트워크 기술과 독립적으로 설계하였다.

표 5.2 oneM2M 공통 서비스 독립체 설명

<table>
<tr><th>구분</th><th colspan="2">설명</th></tr>
<tr><td>애플리케이션 독립체
(Application Entity)</td><td colspan="2">종단 간 IoT 솔루션을 위한 애플리케이션 로직을 제공한다.
(원격 모니터링, 위치 추적, 원격 제어 등)</td></tr>
<tr><td rowspan="13">공통 서비스 독립체
(Common Service Entity)</td><td colspan="2">IoT망 내 AE가 공통으로 사용할 수 있는 기능들로 이루어진 플랫폼이다.</td></tr>
<tr><th>목록</th><th>기능</th></tr>
<tr><td>DMR[9]</td><td>데이터 교환 및 공유</td></tr>
<tr><td>CMDH[10]</td><td>타 CSE, AE, NSE 등과의 통신</td></tr>
<tr><td>Subscription/Notification</td><td>정보 변경에 대한 구독/통지</td></tr>
<tr><td>Registration</td><td>플랫폼 내 어플리케이션 및 장치 등록</td></tr>
<tr><td>Group Mgmt.</td><td>디바이스 또는 게이트웨이를 묶어서 그룹 생성</td></tr>
<tr><td>Security</td><td>보안 연결 제공, 인정/권한 설정</td></tr>
<tr><td>Discovery</td><td>특정 정보 탐색, 통지</td></tr>
<tr><td>Network Interworking</td><td>네트워크(3GPP) 연동</td></tr>
<tr><td>Location</td><td>위치 정보 제공</td></tr>
<tr><td>Dev. Mgmt.</td><td>장치 관리 기능</td></tr>
<tr><td>Charging</td><td>서비스 계층 과금</td></tr>
<tr><td>네트워크 서비스 독립체
(Network Service Entity)</td><td colspan="2">CSE에 네트워크를 제공한다.</td></tr>
</table>

9) DMR : Data Management & Repository

10) CMDH : Communication Management & Delivery Handling

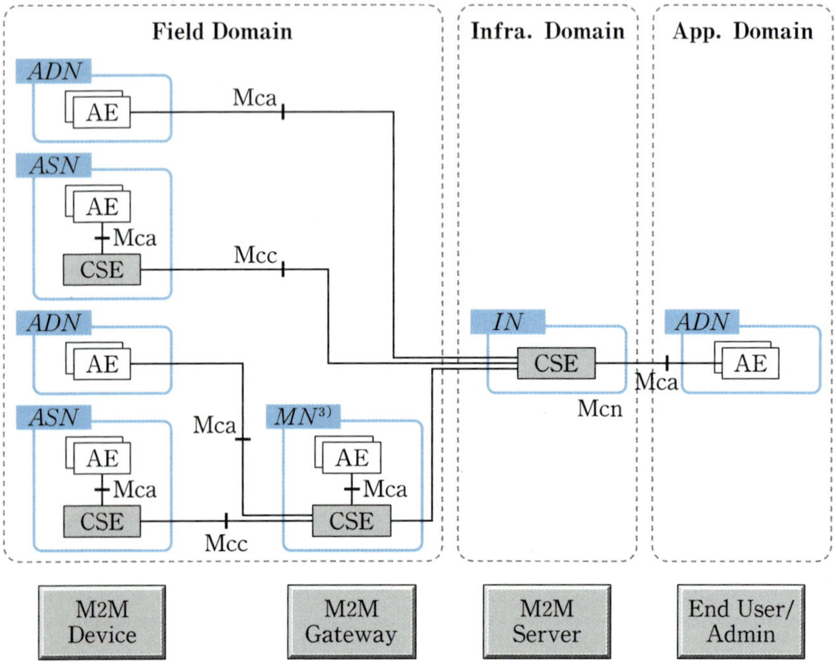

그림 5.8 oneM2M IoT인프라 모델 예시

oneM2M의 IoT 인프라 모델의 예시를 보면, 기기-게이트웨이-서버-사용자인 4단계로 구성되어 있고 현장 환경과 인프라 환경로 나뉜다. 각 노드(기기, 게이트웨이, 서버) 등에는 각각의 AE와 oneM2M 연동을 위하여 CSE가 존재한다. M2M 기기에는 M2M 애플리케이션을 포함하여 서비스 로직만을 포함하는 제한된 기능을 하는 애플리케이션 전용 노드(ADN; Application Dedicated Node)와 애플리케이션 외에 공통의 서비스 기능을 포함하는 일반 노드(ASN; Application Service Node)가 있다. M2M 기기 노드는 M2M 서버로 바로 통신하거나 게이트 역할을 하는 중간 노드(MN; Middle Node)를 거쳐 서버로 연결된다.

M2M 서버 노드는 인프라 영역에 위치하여 M2M 서비스를 제공하므로 인프라 구조 노드(IN; Infrastructure Node)라고 불린다. oneM2M 플랫폼이 지원하는 프로토콜에는 HTTP, CoAP, MQTT, XMPP, Websocket 등이 있다.

OCF 플랫폼

OCF의 표준규격의 구성은 다음과 같다.

- Core Framework(IoTivity)

  OCF의 핵심 아키텍처, 기능, 인터페이스 및 프로토콜을 정의한다. 중앙의 구조 블록은 oneM2M 기준으로 CSE와 기능적으로 대응된다. OCF는 표준규격 제정과 함께 관련 프로그램 코드를 구현하며 본 표준규격을 따르는 제품 및 서비스개발의 편의성과 상호연동성 보장을 확보하기 위하여 OCF Core Framework를 적용한 오픈소스 아키텍처 표준을 적용한 IoTivity를 지원한다. IoTivity는 기기 및 애플리케이션 제작자가 OCF 표준 호환 제품 및 서비스를 제작할 수 있는 출발점으로 사용된다.

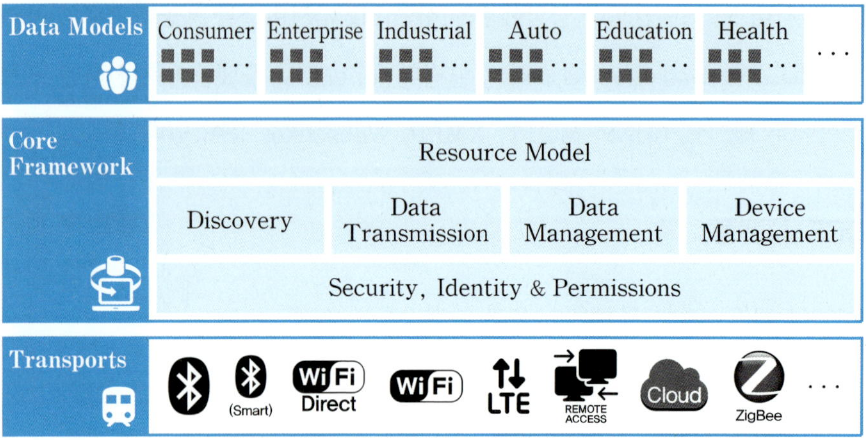

그림 5.9 OCF 표준 아키텍처

OCF 서비스의 구조는 리소스 지향 RESTful(Representational State Transfer) 구조를 따른다는 것과 그에 따른 논리적인 상호연동성을 보장하는 클라이언트-서버 구조를 가진다는 것이다. 각 서버는 자신들이 제공 가능한 다양한 서비스를 리소스 형태로 정의한다. 예를 들어, 방범 카메라가 OCF 서버고 카메라가 제공하는 서비스(Zoom/Move/Record/Tracking 등)은 리소스로 정의되어 있어 OCF 클라이언트에게 제공된다. 지원 프로토콜로는 CoAP, UDP/TCP, IP, DTLS/TLS 등이 있다.

그림 5.10 OCF 아키텍처

• REST란?

REST는 웹에 존재하는 모든 자원(이미지, 동영상, DB 자원 등)에 고유한 통합자원식별자(URI; Uniform Resource Identifier)를 부여하여 활용하는 것으로 자원을 정의하고 자원에 대한 주소를 지정하는 방식이다. REST는 웹 서비스의 프로토콜인 HTTP 인프라를 그대로 사용하기 때문에 웹의 장점을 최대한 활용할 수 있으며 쉽게 사용할 수 있다. 그러나 표준이 존재하지 않아 관리가 어려우며, 가능 행동의 종류가 4종류(CRUD : Create, Read, Update, Delete)로 제한적이라는 단점이 있다. 따라서 RESTful API는 REST의 6가지 조건들을 모두 지키면서 API를 제공하는 것을 의미한다. RESTful을 위한 6가지 조건들은 다음과 같다.

- Uniform(유니폼 인터페이스) : REST는 HTTP 표준만 따른다면 어떤 기술이든 사용이 가능한 인터페이스 스타일이다.
- Stateless(무상태성) : 클라이언트의 각 요청에는 요청을 서비스하는데 필요한 모든 정보가 들어 있으며, 세션 상태는 클라이언트에서 유지된다. 각 요청 간 클라이언트의 상태정보 서버에 저장되어서는 안 된다. 따라서 서버는 요청에 대해 처리만 하면 되기 때문에 구현하기 쉽다.
- Cacheable(캐시 처리 가능) : 클라이언트에게 전달하는 요청에 대한 수행은 캐시에 저장해서 다음 요청에 사용할 수 있다. 따라서 네트워크 응답시간과 서버의 자원 사용률을 향상할 수 있다.

- Self-descriptiveness(자체 표현 구조) : 메시지가 자신을 어떻게 처리해야 할지에 대한 정보를 포함하고 있어야 한다.
- Client – Server Architecture(클라이언트 – 서버 구조) : 클라이언트는 연결자를 통하여 서버에 요청을 보내며, 서버는 해당 요청을 거절하거나 수행하고 클라이언트에 응답을 보낸다. 모든 통신은 클라이언트–서버 간의 1:1로 연결되며 역할을 구분한다.
- 계층형 구조 : REST 서버는 다중 계층으로 구성되어 유연한 구조로 개발될 수 있다.

■ Security

OCF 기본 계층에 영향을 미치는 보안 목표, 철학, 지원 및 구조에 대하여 정의하였다. 기기 식별자, 인증, 무결성, 업데이트 및 검증, 서로 다른 암호화 장비 사이의 연동 등에 대한 정의를 포함한다.

■ Bridging

OCF 시스템과 Non-OCF 시스템 간의 연결을 위한 구조를 정의한 것으로서, 리소스 검색, 메시지 번역, 보안 및 다중 브리지 처리에 대한 일반 요구사항 등을 지정한다.

■ Resource Type

OCF 장치에서 사용되는 리소스의 활용을 위한 기본 리소스 및 기기상에서 나타날 수 있는 리소스를 정의한다. 기본적으로 RESTful API 모델링 언어(RAML)와 OpenAPI로 정의되어 있다.

■ Device

다양한 IoT 서비스와 사용자의 시나리오에 맞는 OCF 장치 종류의 집합을 정의한다.

■ Wi-Fi Easy Setup

OCF 표준의 확장으로 OCF기기를 Wi-Fi 네트워크에 접속하도록 정의한 것이다. OCF기기에 OCF 보안을 설정하고 OCF 클라우드에 OCF 기기를 등록하는 것을 포함한다.

■ Resource to AllJoyn Interface Mapping

AllJoyn에서 정의하는 인터페이스와 OCF에서 정의하는 리소스 간 공통 리소스를 확보하기 위한 상세 대응 정보를 정의한다.

■ Device to Cloud Services

장치 간 통신 체계 외에 장치가 직접 클라우드 서버와 통신하기 위한 확장 표준규격을 정의한 것으로서 OCF 규격에 정의된 기존 규격 외의 새로운 리소스를 지정한다.

대표적인 IoT 표준화 기구의 플랫폼 기술인 OCF와 oneM2M은 다음과 같이 비교할 수 있다.

표 5.3 IoT 표준화 기구(OCF, oneM2M) 비교

구분		OCF	oneM2M
일반	기술 지향 목표	디바이스 간 연동	공통 서비스 연동
	기술 범위	응용 계층, 네트워크 계층	응용 계층
	표준규격	OCF 2.2.0	oneM2M 3.0
	공적 표준화 연계	ISO/IEC 20118	ITU-T Y.4500.X
	주요 표준규격	• 코어 프레임 워크 • 연동 기술 • 보안 및 인증 • 디바이스/리소스 모델	• 플랫폼 아키텍처 • 연동 기술 • 보안 고려사항 • 테스트 인증
플랫폼	데이터 모델	OCF 디바이스/리소스 모델	oneM2M/OMA 리소스 모델
	사용 프로토콜	CoAP, UDP/TCP, IP, DTLS 등	CoAP, MQTT, HTTP 등
주요 참여 기업 및 단체		퀄컴, 인텔, 삼성, LG, 마이크로소프트 등	TTA, ETSI, ATIS/TIA, ARIB/TTC, CCSA, TSDSI

ITU-T IoT 레퍼런스 모델(Y.2060)

2012년 공적 표준화 단체 중에서 처음으로 제정한 IoT 아키텍처 모델 표준으로서, IoT를 '현재 혹은 진화하는 ICT 기술을 바탕으로 물리적이거나 가상의 사물을 연결하여 서비스가 가능한 정보사회를 위한 국제화한 인프라'로 정의하고 표준 모델을 발표하였다.

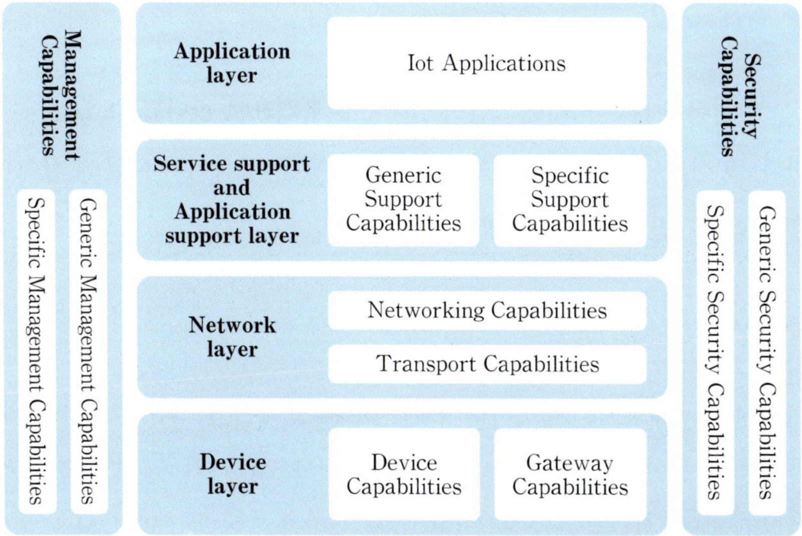

그림 5.11 Y.2060에서의 IoT 사례 모델

oneM2M의 IoT 플랫폼과 비교한다면, Application layer는 AE에, Service support and Application support layer는 CSE에, Network layer는 NSE에 대응된다. 또한 Device layer는 oneM2M 아키텍처의 ASN, ADN, MN 등과 대응된다. Management capabilities로 플랫폼의 운영/관리에 대하여 규정하였으며, Security capabilities를 통하여 보안을 강조하였다.

3 IoT 기기 관리 표준

IoT는 연결된 수많은 디바이스들이 얼마나 효율적으로 관리될 수 있는지가 중요하다. 통신의 주체(센서 디바이스 등)가 제약 많은 장치이기 때문에 장치관리 표준기술이 가볍고 단순해야 한다.

LWM2M

LWM2M(Lightweight Machine to Machine)은 M2M 클라이언트와 M2M 서버의 통신을 위해 사용한다. 관리 대상인 IoT에 연결된 M2M 기기를 LWM2M 클라이언트라고 하며, 관리하는 주체를 LWM2M 서버라고 한다. LWM2M은 효율적인 페이로드를 지향하고, CoAP 프로토콜과 DTLS(Datagram Transport Layer Security)보안을 사용한다. 최신 LWM2M 버전에서는 추가적인 전송 프로토콜도 지원하고 있다. 프로토콜 및 보안은 다음 부문에서 자세히 다룬다. LWM2M의 구조는 클라이언트라는 개별 장치들과 이를 관리하는 서버로 구성되며, 사이에 장치관리를 위한 4개의 인터페이스(Bootstrap, Registration, Object/Resource Access, Reporting)가 정의된다. 클라이언트들이 관리하는 객체는 실제적인 데이터가 있는 리소스를 가진다. 객체는 연결된 디바이스의 관리 및 정보 보고를 지원할 리소스들을 제공하는 데에 초점이 맞추어져 있다.

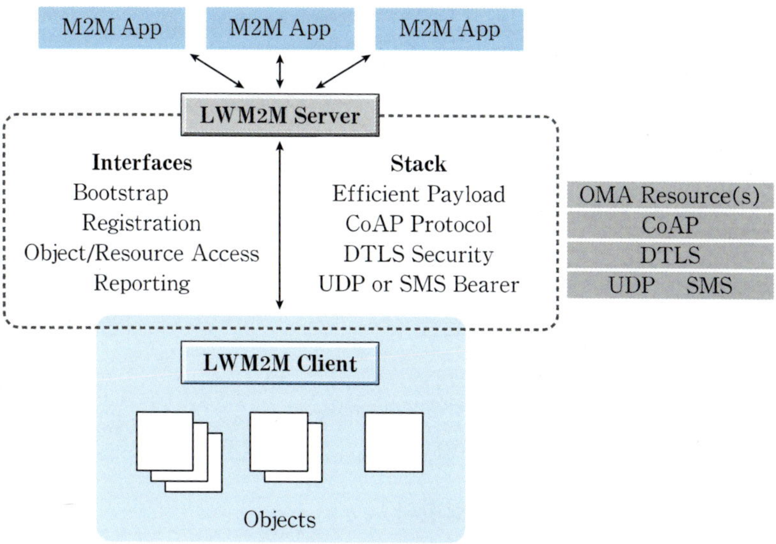

그림 5.12 LWM2M 아키텍처

- **부트스트랩**(Bootstrap) **인터페이스**

  클라이언트가 서버 정보와 보안키 등을 얻는 과정에서 사용된다. 클라이언트는 부팅 시, 스마트카드 또는 내장메모리, 부트스트랩 서버를 통해 LWM2M 서버 정보 및 보안키 정보를 얻는다. 부트스트랩 절차는 클라이언트가 먼저 수행하는 경우와 서버가 먼저 수행하는 경우의 두 가지로 나뉜다.

- **등록**(Registration) **인터페이스**

  서버에 클라이언트 및 리소스를 등록할 때 사용한다. 클라이언트는 Endpoint 및 유효시간, 큐 모드와 클라이언트가 지원하는 객체정보 및 인스턴스 등을 서버에 등록한다. 등록 요청 메시지를 받은 서버는 클라이언트 IP주소 및 포트 등을 저장한다. LWM2M은 복수의 서버를 지원하므로, 클라이언트는 각 서버에 등록을 수행하고 액세스 객체를 관리한다.

■ 디바이스 관리 인터페이스

Object/Resource Access 인터페이스라고도 하며, 서버가 클라이언트의 객체 인스턴스 및 자원을 감시하거나 제어할 때 사용된다. 여기서 정의된 동작은 다음과 같다.

- 읽기 : 객체, 객체 인스턴스, 리소스, 리소스 인스턴스 값을 얻는다.
- 쓰기 : 리소스 값을 변경한다.
- 삭제 : 객체 인스턴스를 없앤다.
- 속성변경 : 정보 관찰 동작에 관련된 속성을 변경할 때 사용된다.
- 수행 : 리소스가 어떤 동작을 수행한다.
- 탐색 : 객체가 어떤 리소스로 구성되어 있는지 알아본다.

■ 보고(Reporting) 인터페이스

서버가 클라이언트로부터 자동으로 새 데이터를 받을 때 비동기 통지 형태로 동작 된다. 서버는 클라이언트의 어떤 리소스 변화를 관찰할 때 관찰 동작을 수행하며, 관찰 및 관찰 취소는 탐색 동작의 수행 동작 여부를 요청하며 통지는 서버에게 새로운 데이터를 보내는데 사용된다.

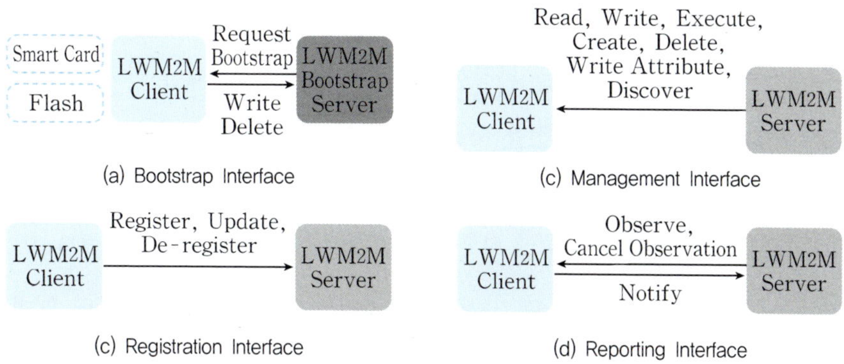

그림 5.13 LWM2M 인터페이스

OMA-DM(Open Mobile Alliance – Device Management)

초기 셋업, 펌웨어 및 소프트웨어 관리, 원격 제어, 진단 및 모니터링 등을 위한 국제표준 장치관리 기술로서, 효율적으로 제한된 접속 디바이스를 관리하는 LWM2M와는 달리 스마트폰 등 단말을 대상으로 관리 서비스를 제공하는 데에 초점이 맞춰져 있다. 단말에 존재하는 관리 객체를 서버가 명령으로 보내서 장치를 관리하는 방식으로 수행된다. 대표적인 관리 객체는 펌웨어 업데이트와 관련된 관리 객체(FUMO; Firmware Update Management Object)와 소프트웨어 컴포넌트 관리 객체(SCOMO; Software Component Management Object)이다. 전송 기술로는 HTTP를 주로 사용한다.

BBF(Broadband Forum) TR-069

BBF에서 만든 기기 관리 표준으로 케이블망과 같은 유선의 광대역망에서의 셋톱박스, 게이트웨이 등을 관리하는데 쓰인다. TR-069 프로토콜은 HTTP

를 기반으로 클라이언트 장치(CPE; Customer Premises Equipment)와 서버(ACS; Auto Configuration Server) 간 통신을 관장한다. TR-069를 이용해서 말단 장비들은 ACS에 접속하고 필요한 설정을 자동으로 받아오기 때문에, 사용자가 따로 설정하지 않아도 필요한 서비스를 사용하는 것이 가능하다. 그 외에 소프트웨어 및 펌웨어 이미지관리, 상태 및 성능 모니터링, 진단 등의 기능을 제공한다. 전송 계층으로는 TCP 기반의 HTTP를 사용한다. 이 프로토콜은 유선의 광대역망에서의 셋톱박스, 게이트웨이 등을 관리하기 위해 만든 표준이기 때문에 무선 네트워크에 적용하는 데 한계를 갖고 있다.

표 5.3 장치관리 표준 비교

구분	LWM2M	OMA-DM	TR-069
전송 기술	CoAP/UDP	HTTP/TCP	HTTP/TCP
응용 데이터 지원 여부	지원	미지원	미지원
장치 유형	센서 노드	핸드폰 단말기, 게이트웨이	셋톱박스, 게이트웨이
페이로드	Binary/JSON	XML	XML
보안 채널	DTLS	TLS	TLS
API 방식	REST	REST	SOAP

4 IoT 응용계층 프로토콜

대표적인 IoT 응용계층 프로토콜 HTTP, MQTT(Message Queuing Telemetry Transport), CoAP(Constrained Application Protocol), XMPP(Extensible Messaging and Presence Protocol)를 소개하고 장단점을 비교한다.

HTTP

HTTP(HyperText Transfer Protocol)는 인터넷상에서 데이터를 주고받기 위한 서버/클라이언트 모델을 따르는 기존 웹 프로토콜로서 대부분 인터넷과 모든 웹사이트를 구동하는 메시지 프로토콜이다. 먼저 클라이언트 소프트웨어(예 : 크롬, 익스플로러 등)가 설치된 컴퓨터로 URI를 이용하여 서버에 접속하고 데이터를 요청하면 클라이언트의 요청을 받아 요청을 해석하고 소프트웨어가 설치된 컴퓨터에 응답한다.

이 프로토콜은 일반 텍스트를 사용하여 요청, 콘텐츠 유형 및 브라우저 정보를 포함하는 헤더 메시지를 사용하여 명령과 데이터를 전송하고 본문 정보도 텍스트로 설명한다. HTTP의 요청 방법은 크게 정보 요청, 삽입, 업데이트, 삭제, 헤더 정보 요청, 지원 방법은 종류, 요청 반환 등 7개가 있다.

HTTP는 비연결 지향으로 서버에 연결 후 요청에 대한 응답을 받으면 연결이 종료되어 데이터를 송수신하는 동안에만 연결을 유지한다. 이는 IoT 시스템에서 연결된 많은 기기에 대하여 최소한의 접속유지로 서비스할 수 있다는 점에서 다른 프로토콜에 비하여 유리하다.

MQTT

MQTT는 제한된 네트워크 환경과 상호 통신 컴퓨팅 성능이 낮은 환경에서 동작하도록 설계된 메시지 프로토콜이다. 기본적으로 낮은 대역폭 환경에서의 신뢰성과 저 전력을 특징으로 하므로 IoT 네트워크에 적용하기 적합하다.

MQTT는 메시지를 발행(publish)하고, 관심 있는 주제를 구독(subscribe)하는 모델을 사용하며, 중앙 MQTT 브로커(broker)를 통하여 네트워크 간에 메시지를 관리하고 라우팅하는 구조로 이루어져 있다. 예를 들어, 센서 장치(Publisher)에서 계측한 온도, 습도 등의 데이터를 브로커에게 전달하면 스마트폰 혹은 컴퓨터(Subscriber)에서 데이터를 수신한다. 이때 데이터를 어디로 받을지 정해주는 것이 주제(Topic)이다. 각 발행자(Publisher)는 주제를 정하고 그 주제를 구독하는 구독자(Subscriber)가 해당 데이터를 받는다. 이러한 구조는 클라이언트들이 독립적으로 동작하며 동기화가 필요 없으므로 동작 전류를 절약하고 반복되는 동작을 줄일 수 있는 장점이 있다.

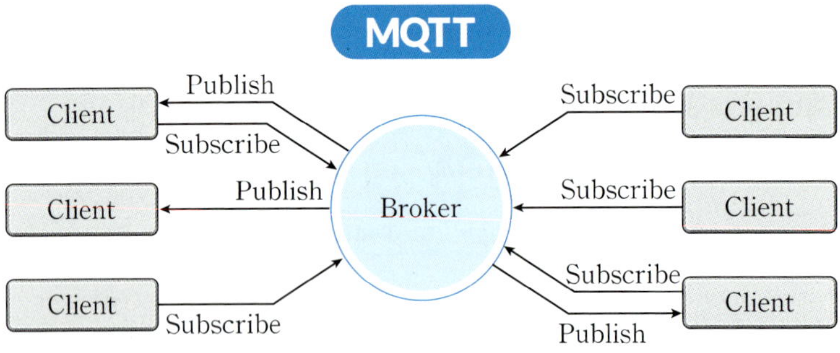

그림 5.14 MQTT 구조도

MQTT의 또 다른 특징으로는 서비스의 종류에 따른 QoS(Quality of Service) 선택이다. QoS는 서비스의 질을 보장해주는 수준을 말하며 MQTT에서는 3단계의 QoS를 제공한다. 이를 통하여 저 전력, 신뢰할 수 없는 네트워크에서도 중요 메시지에 대한 전달을 보장한다.

- Level 0 : 메시지를 한 번만 전달한다. 즉, 보내고 잊으며 전달 여부는 확인하지 않는다.
- Level 1 : 메시지를 최소 한번 전달한다. 구독자가 메시지를 받았는지 불확실하면 정해진 횟수만큼 재전송한다. 예를 들어, 메시지를 성공적으로 전달하면 브로커가 Publisher에게 전달 성공을 알리는데, 정상적 통신이 되지 않는 경우에는 Publisher가 실패로 알고 다시 메시지를 전달하여 Subscriber에게 중복 메시지를 보내는 경우가 생길 수 있다.
- Level 2 : 메시지를 정확히 한번 전달한다. 높은 품질을 보장하지만, 성능의 희생이 있다.

발행자와 구독자 모두 QoS를 지정할 수 있으며 발행자가 지정한 최대 QoS 수준이 우선 설정된다. 예를 들어 발행자의 QoS 수준이 0, 구독자의 QoS 수준이 2로 지정될 때, 구독자는 QoS 0 수준의 서비스를 받는다. 발행자의 QoS 수준이 2인 경우 구독자는 0, 1, 2 중 구독할 수 있다.

CoAP

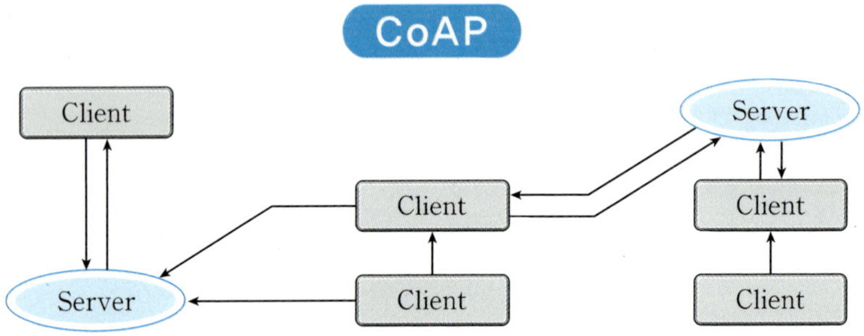

그림 5.15 CoAP 구조도

CoAP 또한 제약이 있는 네트워크나 저사양 하드웨어에 사용하기 위하여 인터넷상에서 TCP(Transmission Control Protocol) 대신 UDP(User Datagram Protocol)를 사용할 수 있도록 특화된 프로토콜이다. 클라이언트와 서버 간 다대다(N:N) 인 MQTT와 달리 일대일(1:1) 요청/반응 모델로 클라이언트는 get, put, post, delete 요청을 할 수 있다. UDP는 단순하고 속도가 빠르지만, 신뢰성이 낮으므로 일관적인 연결 대신 반복적 메시지 혹은 확인/비확인 메시지 등을 통하여 신뢰성을 제공하며 암호화를 위하여 DTLS 전송 프로토콜을 사용한다. 모든 CoAP 메시지는 확인형(confirmable)과 비확인형(non-confirmable)로 표시될 수 있고 확인형 메시지는 클라이언트로부터 확인 메시지를 통하여 수신을 확인한다. 비확인형 메시지는 MQTT의 Level 0과 같다.

XMPP

XMPP(Extensible Messaging and Presence Protocol)는 2인 이상의 참여자 간에 데이터를 교환할 수 있게 해주는 XML 기반 TCP 통신프로토콜이다. XMPP는 CoAP나 MQTT처럼 하나의 중앙 서버나 브로커를 통하는 방식이 아닌, 여러 분산화된 전송 에이전트(transfer agents)에 걸쳐 작동한다. 또한, 기기 업체나 API 운영자가 자신만의 XMPP 네트워크를 형성하고 관리할 수 있으므로 IoT의 통신프로토콜로 사용하기 적합하다. 또한, 보안이 필요한 경우 TLS 암호화를 사용해 회사 인트라넷에서 안전한 인증 프로토콜을 이용해 고립시킬 수 있다. 메시지가 제대로 전달되었는지 확실히 아는 것은 제한된 네트워크를 사용하는 IoT에서 매우 중요하지만, XMPP는 QoS가 없으므로 이를 확인할 수가 없는 것이 단점이다.

표 5.4 응용 계층 프로토콜 비교

구분	HTTP	MQTT	CoAP	XMPP
통신 방식	TCP	TCP	UDP	TCP
메시지방식	요청/응답	발행/구독 요청/응답	요청/응답	발행/구독 요청/응답
QoS	없음(TCP)	있음 (3레벨)	있음(선택)	없음
대상 기기	고성능 기기	일반적 기기	제약된 기기	높은 메모리 소비 기기

5 IoT 전송 계층 프로토콜

전송 계층의 프로토콜은 송신자와 수신자를 연결하는 통신서비스를 제공하기 위해 사용하는 프로토콜이다.

UDP vs TCP

UDP(User Datagram Protocol)는 전송 계층에 위치하여 데이터를 데이터그램 단위로 처리하는 프로토콜이다. 비 연결형 프로토콜로서 연결을 위해 할당되는 논리적인 경로가 따로 없고 각각의 패킷은 다른 경로로 전송되고 독립적으로 처리하게 된다. 이는 데이터를 메시지 형태로 보내기 위하여 사용하는 프로토콜인 TCP(Transmission Control Protocol)와 상대적인 개념이다.

인터넷상에서 서로 정보를 주고받을 때 정보를 보낸다는 신호나 받는다는 신호 절차를 거치지 않고, 보내는 쪽에서 일방적으로 데이터를 전달하고 패킷

표 5.5 TCP와 UDP 비교

구분	TCP	UDP
연결 방식	연결형	비 연결형
전송 순서	전송 순서 보장	전송 순서 바뀔 수 있음
수신 여부 확인	예	아니요
통신 방식	1:1	1:1 / 1:N / N:N
신뢰성	높다	낮다
속도	느리다	빠르다

별 독립적으로 처리되기 때문에 TCP보다 연결속도가 빠르고 다중연결(1:N, N:M)이 가능하지만 동시에 신뢰성 및 안정성이 TCP보다 떨어진다.

DTLS

DTLS(Datagram Transport Layer Security)는 TCP 기반의 프로토콜 암호화에 쓰인 TLS에서 파생된 프로토콜로서 UDP 기반의 통신을 위한 전송 계층의 보안을 위하여 쓰인다. DTLS는 데이터그램 형식의 콘텐츠를 주고받을 때 안전하게 전송할 수 있도록 고안되었다. UDP 기반의 애플리케이션 및 서비스들은 DTLS를 사용하여 도청, 간섭, 메시지 변조 등 네트워크상에서 발생할 수 있는 보안과 관련된 공격들을 막을 수 있다. 따라서 UDP를 사용하는 IoT 체계에 보안성을 추가하는 용도로 DTLS를 많이 사용한다. 응용계층 프로토콜 중 하나인 CoAP는 UDP 전송 프로토콜을 통해 실행되고 DTLS를 이용하여 암호화한다.

6 IoT 인터넷계층 프로토콜

IPv6

IPv6(Internet Protocol version 6) 인터넷 프로토콜은 송신 호스트와 수신 호스트 사이의 패킷 교환 네트워크상에서 정보를 주고받는 데 사용되는 프로토콜이다. OSI 네트워크 계층에서 호스트의 주소 지정 및 패킷 분할 및 조립을 담당한다.

기존 구축된 IPv4 인터넷 프로토콜은 32비트를 사용하여 주소 표현의 제약으로 현재 사용하는 주소가 사실상 고갈된 상태이기 때문에 128비트를 사용하는 IPv6가 만들어졌다. 128비트 주소 체계인 IPv6은 최대 1조개 이상의 주소를 마련할 수 있기 때문에, 수많은 기기를 연결해야 하는 IoT에 적합하다.

표 5.6 IPv4와 IPv6의 비교

구분	IPv4	IPv6
주소 길이	32비트	128비트
주소 개수	약 43억	2^{128}개
주소할당 방식	A, B, C, D 등의 클래스 단위 비순차 할당	네트워크 규모, 단말기 수에 따라 순차 할당
표시 방법	8비트씩 4부분 10진수 표시	16비트씩 8부분 16진수로 표시
QoS 제공 여부	미흡	제공
보안	IPSec 프로토콜 별도 설치 필요	IPSec 자체 지원
Plug & Play	불가	가능

6LowPan

6LowPan(IPv6 over Low-Power Wireless Personal Area Network)은 IEEE 802.15.4 표준기반의 네트워크를 사용하여 통신이 가능하도록 IPv6를 지원하는 규격이다. 대규모 센서 노드가 필요한 미래의 서비스, 즉 IoT 환경에서의 서비스를 고려하여 대규모 주소할당이 가능하고, 주소 자동 설정이 가능한 IPv6를 채택하였다. IPv6를 지원하기 위하여 헤더 압축 기술, 단편화/재조립 방법, 주소 자동 설정 등을 정의한다.

6LowPan은 확장된 주소 사용으로 주소 고갈의 문제를 해결함과 동시에 기술이 공개되어 있어 설치 및 운용할 때 지적재산권 측면에서의 제약에서 벗어나며 이미 구현되어 있고 다양한 구조들이 입증된 기존의 IP 네트워크를 이용할 수 있다는 장점이 있다.

7 네트워크 계층별 프로토콜 종합 비교

IoT 스택과 웹 스택에 대한 계층별 기능들에 따른 차이는 다음과 같다.

표 5.7 IoT 스택 및 웹 스택 계층별 기능 비교

비교항목	IoT 스택	웹 스택
응용 계층	CoAP, MQPP 등을 사용	HTTP를 사용
전송 계층	TCP에 비해 헤더 크기가 작고 더 빠른 UDP를 사용	UDP에 비해 연결 지향적이고 느린 TCP를 사용
보안 계층	보안을 위해 DTLS를 사용	동일한 TLS/SSL을 사용
인터넷 계층	6LowPan을 사용하여 대형 IPv6 패킷을 소형 패킷으로 변환하여 전송	6LowPan과 같은 프로토콜이 필요하지 않다. TCP 자체에서 처리
링크 또는 MAC 계층	사용되는 IoT 무선 기술에 따라 다름	LAN 또는 WLAN, DSL 또는 ISDN 기술에 다라 다름
물리 계층		
전송 데이터 크기	수 십 바이트	수 백~수 천 바이트
응용 기능	저 전력, 저대역폭 등 제한된 네트워크에서 사용	전력, 대역폭 등의 제한이 없는 비제약 네트워크에서 사용

제6장

IoT 접속 기술의 구성

설비상태 감시를 위한
전력IoT

01 IoT 무선 통신 기술

IoT 디바이스에서 수집된 데이터를 웹 또는 모바일 서비스하기 위해서는 인터넷에 접속되어야 한다. IoT 디바이스에서 게이트웨이 구간의 무선 네트워크 기술은 IoT 디바이스가 운영되는 현장 특성에 따라 적절하게 선정할 필요가 있다. 일반적으로 전원에 제약이 있는 소형의 스마트센서를 대규모로 운영하게 되는데 이때 무선 통신의 속도, 거리, 신뢰도, 보안뿐만 아니라 소비전력, 유지비용 등을 고려하여 무선 통신 방식을 결정하게 된다.

무선 통신 기술을 통신 거리와 전송속도에 따라 구분하면 아래와 같다. WLAN(Wireless Local Area Network), WPAN(Wireless Personnel Area Network), WWAN(Wireless Wide Area Network), LPWAN(Low Power Wide Area Network)으로 구분하였다. 비면허 대역은 무료이지만 전송속도가 느리고 통신 거리가 제한적인 측면이 있는 반면에, 면허 대역은 유료이지만 전송속도가 비교적 빠르고 거리 제한 없이 활용할 수 있다는 장점이 있다.

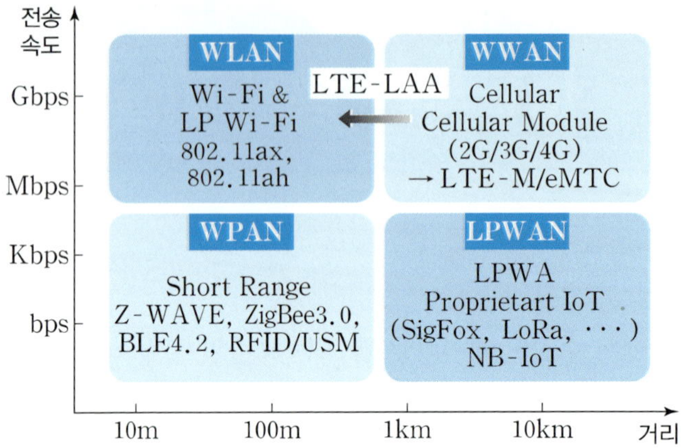

그림 6.1 거리와 전송속도에 따른 IoT Connectivity 분류

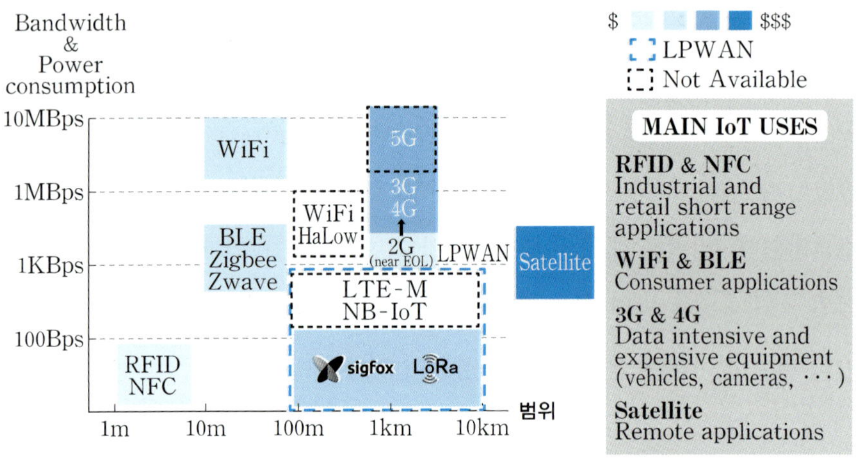

RFID : Radio Frequency Identification/NFC : Near Field Communication
BLE : Bluetooth Low Energy/LPWAN : : Low Power Wide Area Network

그림 6.2 거리와 전송속도에 따른 통신기술 분류

1 단거리 무선 네트워크(WLAN & WPAN)

1998년 IEEE 802.11 무선 LAN WG(Working Group)에서 저전력 소모의 개인 영역에서의 무선 접속을 위한 표준의 필요성이 제기되어 1999년 무선 PAN WG이 시작되었다. 저전력 소모, 소형화와 저가의 무선센서 네트워크를 위한 프로토콜에 초점을 맞추었다.

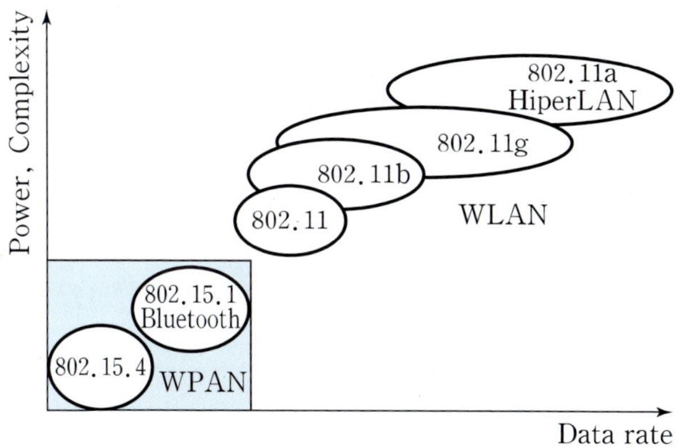

그림 6.3 무선 LAN과 무선 LAN의 동작영역

표 6.1 무선 PAN과 무선 LAN의 표준규격

구분	무선 PAN		무선 LAN		
	IEEE 802.15.4 (ZigBee)	802.15.1 (Bluetooth)	802.11b (Wi-Fi)	802.11g	802.11a
주파수 (Hz)	868M, 915M, 2.4G	2.4G	2.4G	2.4G	5G
변조	DSSS	FHSS	DSSS/CCK	OFDM/PBCC	OFDM
MAC	CSMA/CA	TDMA	CSMA/CA	CSMA/CA	CSMA/CA
데이터 속도 (bps)	250K, 40K, 20K	1M, 723K	11M	20M	54M
전송거리	10m~75m	10m~100m	60m~90m	45m~75m	15m~30m
노드 수	254	8	256	256	256
채널대역 (Hz)	600K, 2M, 5M	1M	22M	22M	16.6M
전송전력 (dBm)	−4~20	0~20	0	17	17
목표단가 (US$)	1.5~2.5	5	−	−	−

대규모의 스마트센서가 연결되기 위해서는 통신 기술의 발달이 필수적이다. 통신용 주파수는 면허 대역과 비면허 대역으로 나눌 수 있는데, 면허 대역은 통신사업자가 정부로부터 허가를 취득하는 상용의 서비스영역이며, 비면허 대역에서는 정부에서 정한 규정을 따르면 누구나 자유롭게 사용할 수 있는 대역이다. 이동통신 사업자, 방송사 등은 사업용 주파수, 즉 면허 대역을 정부로부터 구매하여 사용한다. (LTE 무선 통신, 라디오, TV 주파수 등이 여기에 해당) 반면에 ISM(Industrial Scientific Medial band) 밴드는 산업, 과학, 의료 등 분야에서 사

용 가능한 주파수 대역(비면허 대역)으로 우리가 잘 알고 있는 Wifi, Bluetooth, Zigbee, NFC와 같은 통신 기술에서 주로 사용하고 있다.

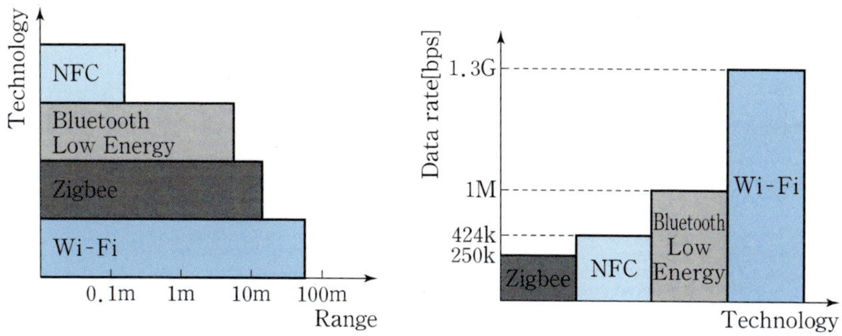

그림 6.4 비면허대역 통신기술 비교

Wi-Fi, 와이파이

가장 널리 사용되고 있는 근거리 무선 접속기술로, 국제표준인 IEEE 802.11에 따라 운영되고 있다. 현재는 100m 이내의 전송 거리를 1GHz 저주파 사용을 통해 비약적으로(1km~) 확장 가능한 IEEE 802.11ah 900MHz 대역이 개발되고 있고, 교통안전 정보 등의 교환을 목적으로 하는 차량 간 통신(V2V) 및 차량 인프라 통신(V2I)에 특화된 IEEE 802.11p 차량 통신용 Wi-Fi도 개발되는 등 급변하는 무선 통신 환경에 따라 다양한 방향으로의 개발이 진행되고 있다. 또한, 가정 내에서의 활용성을 높이고 (WiFi-Direct), 속도개선(802.11ad/ac/ax)뿐 만 아니라 공공지역(공장 등)에서의 활용도를 높이기 위한 표준(802.11af/ah/al/ag)도 지속적으로 개발되고 있다. (Weiping Sun, Okhwan Lee, 2014)

Zigbee, 지그비

IEEE 802.15.4 표준에 기반을 두어 만들어진 Zigbee는 WPAN(Wireless Personal Area, 무선개인 통신망) 기반의 비면허 대역 통신 기술로 저전력을 소모하고 저속의 통신속도를 사용하는 개인 영역의 통신장치를 하여 Wi-Fi나 Bluetooth 기술과 비교하면 상대적으로 더 단순하고 저렴한 기술구현을 목표로 한다. 초당 250kbps의 전송속도로 최대 300m까지의 근거리에 신호전송이 가능하므로 다양한 스마트 홈 분야의 응용제품에 적용이 확대되고 있다.

Bluetooth, 블루투스

블루투스는 1994년 스웨덴의 통신 장비 제조사 에릭슨(Ericsson Inc.)이 개발한 개인 근거리 무선 통신 산업 표준으로, ISM 대역에 포함되는 2.4~ 2.485GHz의 극초단파(UHF, Ultra High Frequency) 전파를 이용하는 데이터 통신이다. 무선 키보드/마우스, 무선 헤드셋/스피커 등 우리 생활에 많이 사용하고 있는 주변기기의 문자 정보 및 음성 정보를 비교적 낮은 속도(1Mbps)로 전송한다. 기존 Bluetooth 2.0/2.1에 기반을 둔 Bluetooth Basic Rate/Enhanced Data Rate(BR/EDR) 이외에, Bluetooth 4.0/4.1/4.2에 기반을 둔 BLE(Bluetooth Low Energy)는 서로 다른 특징을 가지며 새롭게 표준으로 채택되어 현재까지 다양한 웨어러블 및 IoT 기기의 주요 통신 방식으로 널리 사용되고 있다.

표 6.2 기존 블루투스와 BLE의 비교

	BR/EDR	BLE
최적화	지속적인 데이터 스트리밍	짧은 데이터의 전송
주파수 대역	2.4 GHz(2.402~2.480 GHz)	
채널 수	79채널	40채널
채널 대역폭	1MHz	2MHz
전송 범위	~30m	~50m
준비시간	< 6초	< 0.003초
비트 전송속도	1~3Mbit/s	~200 KBIS/s

BLE를 사용한 대표적인 제품은 애플의 아이비콘이다. 비콘을 사용하여 사용자의 위치를 파악하는 것이 대표적인 사용 예로, 가령 옷가게에 들어갔다면 아이비콘이 이것을 파악해 옷가게 관련된 신상 옷의 정보나 쿠폰 등을 제시하는 것이다. 실내 위치 인식에 있어서 BLE는 GPS나 Wi-Fi에 비해 비교적 정확하고 저비용으로 가능하다.

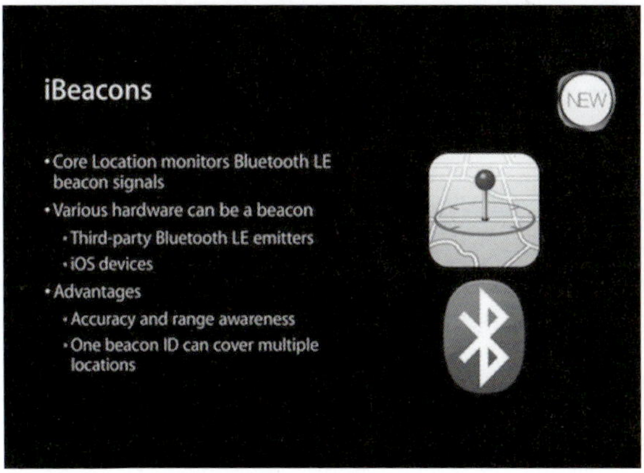

그림 6.5 애플 아이비콘
[출처] 애플의 월드와이드 컨퍼런스 기조 연설 자료

표 6.3 무선통신 방식별 기술 비교

구분	블루투스	NFC	지그비	지웨이브	Wi-Fi
주파수 대역	2.4GHz	13.56MHZ	2.4GHz (글로벌)	868~929MHz	24G, 5GHz, 60GHz
전송 거리	1~100m	10cm이내	100m이상	100m 이상	약 100m
전송 속도	~2M(BLE~1M)bps	424Kbps	250Kbps	40Kbps	ac~.17G, ah100Kbps ax 9.6Gbps, ay 20Gbps
응용 분야	주변기기(헤드셋, 마우스 등)	전자결재, 기기간 직접 전송	홈 네트워킹, 빌딩 자동화	홈 네트워킹, 빌딩 자동화	인터넷 접속, 무선LAN 구성
소비 전력	1~100mW	50mW	1~100mW (Low)	Low	평균 100mW
특징	• 저전력 가능 • AP없이 접속 가능 • 커버러지에 제약	• 무 전원 동작 • 전파간섭 없음	• 저전력 · 저비용 • 네트워크 구성 가능 • 타 통신과 간섭 우려	• 전파 효율성 및 호환성 우수	• 전력소모 많고, 소형화 어려움 • 커버러지 확장 가능

2 장거리 무선 네트워크 LPWAN

LPWAN(Low Power Wide Area Network, 저전력 장거리 통신) 기술은 비면허 대역 주파수를 활용하며 단거리 무선 네트워크인 ZigBee, Wi-Fi, Bluetooth와 달리 저전력 중장거리 데이터 전송에 적합하도록 설계되어 IoT 서비스에 적합하다.

LPWAN은 안정적인 지역 커버리지 확보를 위해 일반적으로 1GHz 이하

대역을 활용하고 있다. 1GHz 이하 저대역의 경우 고대역의 주파수보다 회절성이 높아 장애물이 많은 생활·산업 환경에서 서비스 제공이 쉬우며, 상대적으로 고대역에 비해 커버리지가 넓어 IoT망의 구축비용을 절감할 수 있는 장점이 있다. 일반적으로 유럽의 경우는 868MHz 대역, 미국의 경우는 915MHz 대역을 활용하고 있고, 대표적으로 SIG FOX 社의 SigFox와 LoRa Alliance에서 제공하는 LoRaWAN(Long Range Wide Area Network)가 있다.

IoT 서비스를 위한 네트워크 기술의 핵심 요구성능으로는 저전력 설계, 저가, 낮은 구축비용, 안정적 커버리지, 대규모 단말기 접속 구현 등이 있다. 특히 가장 중요한 것이 안정적인 커버리지 확보와 대규모 단말기의 접속을 구현하는 것이다. 지하실 또는 두꺼운 벽 뒤에 설치되는 기기, 장애물이 많은 장

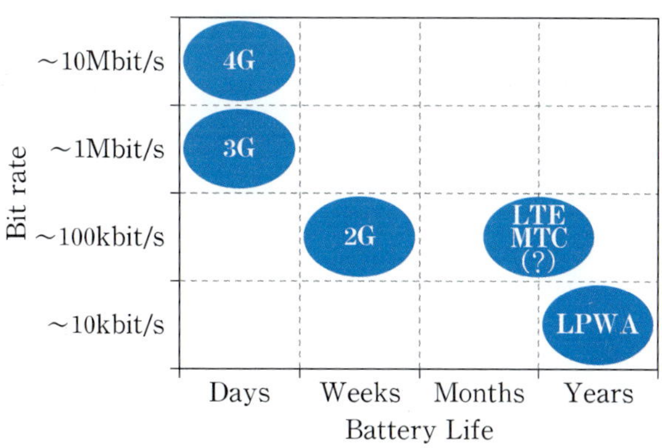

주 : 데이터 전송속도가 낮을수록 단말기의 전력소모가 일반적으로 낮으며, LTE-MTC의 경우 관련 표준이 향후 지속적으로 개발될 경우 저전력 장거리 통신기술(LPWA) 수준으로 접속기기의 배터리 수명이 증가할 수 있을 것으로 예상됨

자료 : Analysis Mason(2015)

그림 6.6 기존 이동통신 서비스와 LPWA의 배터리 수명 비교

소, 장해 전파가 많은 장소 등에서도 안정적인 커버리지가 확보되어야 하며 많은 수의 접속기기를 동시에 수용할 수 있는지도 IoT 서비스의 규모 및 질 등을 결정하는데 중요한 기술적 쟁점이 될 것이다. 또한, IoT 디바이스의 전력 소모에서 가장 큰 부분을 차지하는 것이 통신을 통한 정보 전달이기 때문에 통신 방법에 따른 배터리의 수명도 고려해야 한다.

LoRa & LoRaWAN

LoRa는 Long Range의 줄임말로 2010년 프랑스의 Cycleo 라는 신생 기업에서 개발되었고, 2012년 Semtec 회사에서 인수하여 LoRa 통신 모듈로 LoRa MAC이 구현된 통신프로토콜인 LoRaWAN을 표준화하였다. LoRaWAN은 오픈소스 기반이며 LoRa Alliance를 통해 관리되고 있다. 소형, 저가의 대규모 IoT 디바이스를 운영할 수 있도록 저전력, 장거리, ADR(adaptive data rate), 보안 등의 강점이 있어 IoT 응용서비스 개발에 활발히 활용되고 있다.

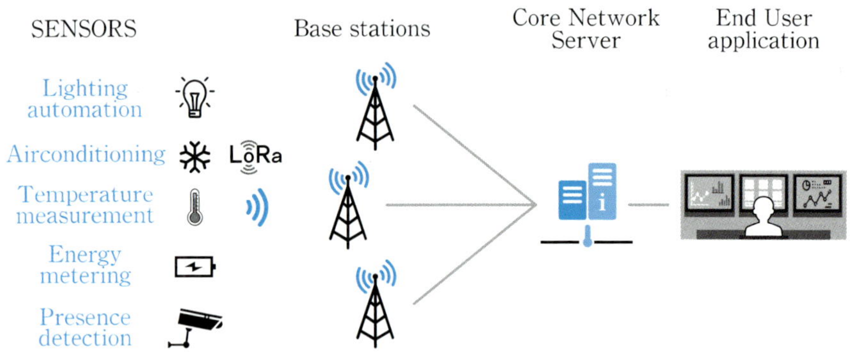

그림 6.7 LoRaWAN 네트워크 구조 개요

LoRaWAN 네트워크는 Star 형태로 구성이 되어 모든 IoT 디바이스는 게이트웨이를 통해 네트워크 서버로 전달 된다. 디바이스의 데이터는 다른 디바이스를 거치지 않고 게이트웨이와 single-hop으로 양방향 통신이 이루어진다. 디바이스의 전력관리를 위해서는 Star 형태가 효율적이며 통신 범위와 메시지 지속시간 간을 절충하여 디바이스마다 최적의 통신속도 및 주파수 채널을 선정한다.

LoRaWAN 네트워크의 계층은 LoRa Modulation과 LoRa MAC으로 구성된다. 다른 LPWA 기술과 비교하면 다음과 같은 대표적인 장점이 있다.

- 데이터 전송속도는 300bps ~ 5kbps(@125kHz) 및 11kbps(@250kHz)이며 저전력 소모를 통한 배터리 수명을 연장할 수 있다.
- 통신은 기본적으로 양방향 및 비면허 ISM 대역(국가별 규정)에서 사용한다.
- 기본 페이로드 암호화를 지원한다.
- TDoA(Time Difference of Arrival)를 이용해 위치 정보를 계산할 수 있다.
- 공용 또는 개인 네트워크를 구성할 수 있다.
- ADR 기술을 사용하고 있어 대규모 디바이스의 통신 신뢰도를 안정적으로 관리할 수 있다.

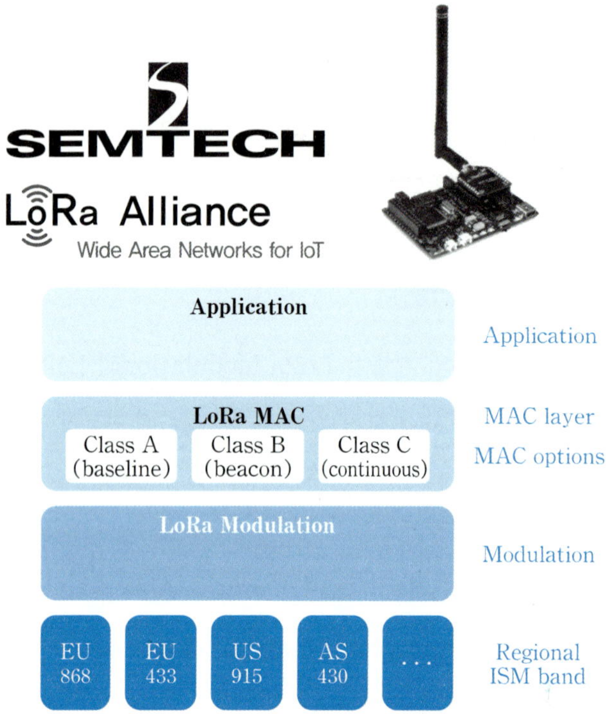

그림 6.8 LoRaWAN 네트워크 계층

LoRa는 첩[1)] 신호를 이용한 확산 스펙트럼 변조 방식을 독점적으로 사용한다. 이때 확산하는 정도, 즉 확산인자(SF; Spreading Factor)를 결정하여 채널 대역폭의 감도 및 데이터 속도를 조정할 수 있다. LoRa의 확산인자는 7부터 12까지 6개이며 125kHz, 250kHz, 500kHz의 3개 대역폭을 사용한다. 확산 스펙트럼 변조 기술로 인해, 데이터 전송률이 다른 메시지가 서로 간섭하지 않기 때문에 게이트웨이 용량을 증가시킬 수 있다. 확산인자가 커지면 비트 전송

1) Chirp : 시간이 지남에 따라 증가 또는 감소하는 광대역 주파수 변조 정현파 신호

률이 낮아지고 전송 시간이 늘어나며 전력 소모가 많아지는 대신 통신 안정성은 높아지고 멀리 전송이 가능하다. 대역폭(Bandwidth)은 한 번에 전송할 수 있는 데이터의 크기를 의미하고 대역폭이 높을수록 전송속도는 높아진다.

LoRa는 ADR을 사용하는데 이는 PER(Packet Error Rate) 및 SNR(Signal to Noise Ratio), RSSI(Received Signal Strength Indicator) 값을 분석하여 IoT 장치 별로 데이터 전송률과 송신 전력을 조절하는 기술이다.

Spreading factor (at 125 kHz)	Bitrate	Range (indicative value, depending on propagation conditions)	Time on Air(ms) For 10 Bytes app payload
SF7	5470bps	2km	56ms
SF8	3125bps	4km	100ms
SF9	1760bps	6km	200ms
SF10	980bps	8km	370ms
SF11	440bps	11km	740ms
SF12	290bps	14km	1400ms

(with coding rate 4/5 : bandwidth 125Khz : Packet Error Rate(PER) : 1%)

그림 6.9 LoRAWAN 확산 인자 vs 전송 속도

LoRaWAN은 IoT 디바이스의 소모 전력 최적화를 위해 A, B, C의 클래스를 지정해서 사용한다. 세 가지의 클래스 모두 양방향 통신이 가능하다. 데이터를 송신하는 것은 모두 동일하며 수신되는 서버 메시지를 허용하는 과정이 다르게 동작한다.

A 클래스 장치는 Up-link 전송 이후 잠시 개방되는 두 개의 짧은 수신 윈도우 동안 서버로부터의 통신을 허용한다. 그 이외의 시간에 서버에서 수신되는 메시지는 예정된 다음 Up-link 시간까지 대기한다. 따라서 A 클래스 장치는 비동기식이며 최소 전력을 소비한다. 보낼 데이터가 있을 때마다 전송을 시작하고 사전 설정된 시간 동안 대기한 후 응답을 수신한다.

B 클래스 장치는 A 클래스 동작의 바탕 위에 추가적인 수신 윈도우를 개방한다. 네트워크와의 동기화를 위해 B 클래스 장치는 128초마다 게이트웨이에서 시간과 동기화된 비콘을 수신한다.

C 클래스 장치는 거의 연속적인 개방 수신 윈도우를 제공한다. 해당 윈도우는 End-Point 전송 동안에만 수신이 중지된다. C 클래스 장치는 수신되는 데이터 크기가 전송되는 데이터 크기보다 큰 경우에 적합하며 지연속도가 가장 낮은 반면 소모 전력이 가장 높다.

Class name	Intended usage
A («all»)	**Battery powered sensors**, or actuators with no latency constraint Most energy efficient communication class. Must be supported by all devices.
B («beacon»)	**Battery powered actuators** Energy efficient communication class for latency controlled downlink. Based on slotted communication synchronized with a network beacon.
C («continuous»)	**Mains powered actuators** Devices which can afford to listen continuously. No latency for downlink communication.

그림 6.10 클래스별 LoRAWAN 통신 프로파일

LoRa의 ISM 주파수 할당과 요구사항 등은 지역에 따라 다르다. 유럽과 중국을 제외하고 대부분 900MHz 대역을 이용하고 있다. 유럽은 863~879MHz 대역 및 433MHz을 사용하고, 125kHz 대역폭, 0.3~5kbps 비트 전송률을 가진다. 미국은 상향링크와 하향링크를 포함하여 총 80개의 채널을 사용한다. 중국은 779~787MHz 주파수 대역에서는 10dBm 방사 전력의 6개의 채널을 가진다. 470~510MHz 대역의 주파수에서는 17dBm 방사 전력의 144개의 채널을 운영하고 도심 측정 응용서비스에 활용되고 있다. 또한, 아시아 지역의 일본, 홍콩, 대만, 싱가포르, 태국, 베트남 등 중국을 제외한 대부분의 나라가 900MHz 대역을 이용하고 있다. 우리나라는 920~923MHz를 사용하고 대역폭의 크기는 125kHz이며 1% 이하의 Duty Cycle을 사용한다. 우리나라의 지정 채널 중 920.9~921.0MHz 사이의 대역에서는 10dBm을 922.1~923.3MHz 사이는 14dBm의 방사 전력을 사용한다. 또한, 게이트웨이의 방사 전력은 23dBm을 사용한다. 이처럼 LoRa는 비교적 낮은 대역 주파수를 사용함으로써 고대역에 비해 회절성이 높아 중장거리 통신에 유리하며 도시에서 10km, 농촌에서는 20km 이상까지도 통신할 수 있고 최소 수신감도는 -134dBm까지 허용된다.

REGION	Center Frequency (MHz)	Bandwidth (kHz)	Radiation Power (dBm)
EU	863~879	125/250	14
	433	125/250	14
US	902.3~914.9	125	30
	903~914.2	500	26
	923.3~927.5	500	26
CN	779~787	125	10
	470.3~489.3	125	17
	500.3~509.7	125	17
AU	915.2~927.8	125	30
	915.9~927.1	500	26
	923.3~927.5	500	26
KR	920~923	125	10/14/23

그림 6.11 지역에 따른 LoRa 주파수 비교

Sigfox

Sigfox는 2009년 프랑스에서 설립된 Sigfox S.A가 제공하는 LPWAN 네트워크 기술이다. Sigfox는 다른 LPWAN 프로토콜과 비교하면 다음의 특징이 있다.

- 자율성 : 극히 낮은 에너지 소비로 수년간의 배터리 수명을 허용한다.
- 단순성 : 구성 설정, 연결 요청 등 없이 몇 분 내에 디바이스가 동작한다.
- 경제성 : 하드웨어 장치, 네트워크 등 가능한 한 구축비용이 최소화 되도록 모든 단계가 최적화되어 있다.

• 경량성 : 네트워크에 큰 자산이나 미디어가 허용되지 않고 작은 알림만 가능하게 되어 있다. (최대 12바이트)

• 상호 보완성 : 저렴한 비용과 구성 용이성 덕분에 다른 유형의 네트워크와 연계한 보조 솔루션으로 사용할 수 있다. (Wi-Fi, Bluetooth, GPRS 등)

Sigfox는 IoT 구조의 말단 디바이스에서 값을 플랫폼까지 송신하는 상향(uplink) 통신에 최적화되어 있다. 즉, 디바이스는 송신할 데이터가 있을 때까지 무제한 대기 상태에 있을 수 있으며, 필요한 경우에만 통신을 하게 된다.

Sigfox는 사용자가 별도의 기지국 또는 중계 장비 없이 디바이스에 통신 모듈을 사용하여 꼭 필요한 최소한의 데이터만 주고받을 수 있도록 한다. 별도의 망 구축비용과 전력 소비를 최소화한 기술이다. 'one-contract one-network' 정책에 따라 통신사 서비스 방식으로만 운영할 수 있어 디바이스는 모든 게이트웨이를 통한 접속이 가능하여 이동성 지원을 위한 로밍이 필요 없다.

또한, Sigfox는 2진 위상천이 변조(BPSK; Binary Phase-Shift Keying) 기반의 단순한 구조인 UNB(Ultra Narrow Band) 기술을 사용하여 소비전력을 최적화하여 정보를 송신한다. 하지만, UNB와 같이 아주 작은 대역의 신호에 대해서는 높은 정밀도가 요구되어 단말 가격에 부담요소가 될 수 있으므로, Sigfox는 비대칭 구조의 LPWA 네트워크 특성을 이용하여, 단말은 임의 주파수로 상향 데이터를 송신하고, 기지국이 SDR(Software Defined Radio) 개념을 활용하여 수신 신호를 검출하도록 한다. 기지국은 상향 데이터 수신으로 검출한 주파수로 하향(downlink) 데이터를 송신하여 주파수 동기의 문제를 해결한다. Sigfox 하향 데이터는 가우시안 주파수 편이(GFSK; Gaussian frequency-shift keying) 방식을 적용하여 단말의 부담을 최소화하였다.

UNB 노드는 ALOHA 프로토콜과 유사하게 채널 점유에 대한 확인 없이 송신한다. 둘의 차이는 연속적인 시간과 주파수 영역에서 Random access를 한다는 것이다. 이때 신뢰도 개선을 위해서 서로 다른 주파수로 3번 재전송한다. 따라서 매체 확인을 위한 에너지 소모가 없고, 시간 동기가 필요하지 않기 때문에 비컨이 없으며, 오실레이터의 정밀도에 대한 엄격한 제한이 없어지는 장점이 있다.

표 6.4 Sigfox 통신기술 사양

Frequency	868MHz, 902MHz
Range	3~20km(도시 내) max 100km(LoS)
End node transmit power	-20dBm to 20dBm
Packet size	12 bytes
Uplink	100bps, 140 message.day
Downlink	~4 message of 8 bytes/day
Topology	Star

Wi-Fi HaLow

Wi-Fi HaLow는 Wi-Fi Alliance가 새롭게 IoT를 위하여 정의한 1GHz 미만의 주파수 대역에서 장거리 저전력이 특징인 네트워크 표준이며, IEEE 802.11ah라고도 부른다.

에너지 소비 절감 및 장거리 통신에 초점을 두고 있으므로 기존 Wi-Fi 표준보다 훨씬 낮은 주파수 대역을 사용하여 느린 데이터 전송율을 보이지만 (속도 최대 100kb/s 제한) 약 1km에 달하는 커버리지를 제공할 수 있으며 저전력 특성 또한 우수하고 기존 IEEE 802.11x 기기와 공조를 할 수 있다는 장점이 있다.

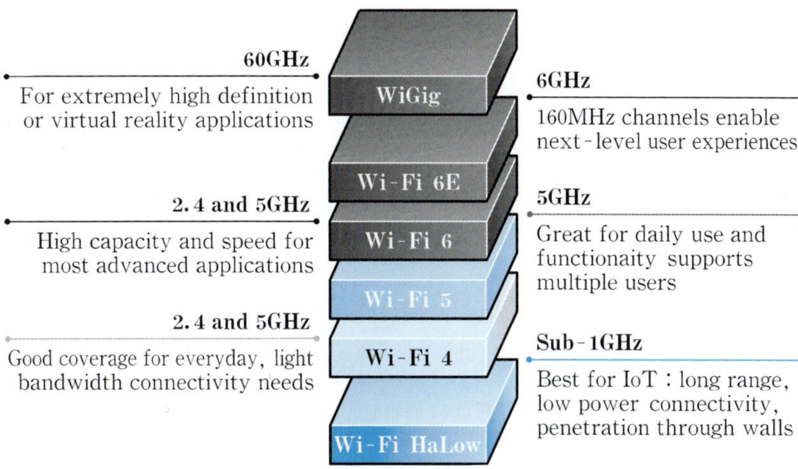

그림 6.14 Wi-Fi 종류 및 특징

NB-IoT

NB-IoT는 기존 WCDMA(3G), LTE(4G) 등의 이동통신 방식보다 좁은 대역폭 (약 200kHz)을 이용하는 LPWA 기술로서, '16년 6월 3GPP Release 13에서 표준화하였으며 Release 14에서 Enhanced NB-IoT로 기존의 NB-IoT 표준을 개선하였다. Enhanced NB-IoT 위치 추적을 위한 차별화 기술, 소프트웨어/펌웨어 업데이트, 더 작은 배터리를 위한 power class 등을 포함한다. 2020년 현재 5G 기반 IoT 서비스를 위한 IoT for New Radio의 표준규격을 개발 중이다.

NB-IoT는 운영 채널 대역폭에 따라 독립주파수(Standalone), 가드밴드(Guard-band), 인 밴드(In-band)의 세 가지 모드를 지원한다. 인 밴드 모드는 LTE 대역 내 자원 중 일부를 NB-IoT를 위하여 할당하는 모드이며 가드밴드는 LTE 대역이 아닌 LTE 보호주파수 대역을 활용하는 모드, 독립 주파수 모드는 GSM[2] (2G) 대역 내 일부 캐리어를 별도로 NB-IoT를 위하여 할당하여 운용하는 모드이다. NB-IoT는 다수의 캐리어 운용을 지원하며, 여러 모드가 혼합되어 사용될 수 있다.

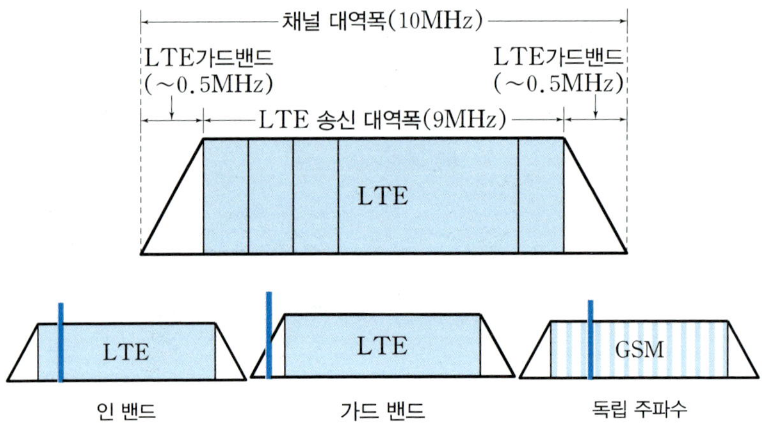

그림 6.15 채널 대역폭 및 모드 별 NB-IoT 설명

2) Global System for Mobile Communication, 모바일 동작을 위하여 ITU에서 정한 휴대전화 주파수이다.

표 6.5 비면허 및 면허 대역 무선통신기술 비교

구분		비면허 대역		면허 대역	
		SigFox	LoRa	LTE-M	NB-IoT
커버리지		~30km(지방) ~10km(도심)	~15km(지방) ~ 5km(도심)	~11km	~35km
주파수	대역	900MHz	900MHz	LTE 주파수	LTE 주파수
	대역폭	200kHz	~ 500kHz	20MHz	200kHz
표준화		ETSI	LoRa Alliance	3GPP Rel.8, Rel.12	3GPP Rel.13
통신속도		~1kbps	~5kbps	• DL : ~10Mbps • UL : ~5Mbps	~100kbps
배터리 수명		~10년			
주요 특징	장점	저전력 장거리 통신	• 저전력 장거리 통신 • LTE-M 모듈의 1/4 가격 • 자체 통신 프로토콜 구현 가능 • API 활용 서비스 연계	• 전국 서비스 가능 • 통신 품질의 안정성 • 기존 네트워크 활용 가능	• 통신 품질의 안정성 • 실내 커버리지 가능
	단점	• 비면허 대역으로 네트워크 불안정 • 12바이트의 디바이스 메시지 한계 • 실시간 활용 부적합	• 비면허 대역으로 네트워크 불안정 • Semtech사 통신칩 단일품	• 고가의 통신 모듈 가격 • 높은 소비전력	• LoRa에 비해 2배 비싼 통신 모듈 가격 • 표준 최적화 중으로 생태계 구축 필요

02 IoT 구성 모델

IoT를 실현하는데 투자 비용이 가장 많이 소요되는 부분이 네트워크 인프라이다. “정부IoT 도입 가이드라인(2019, 행정안전부)”에 의하면 자체망 구축, 상용망 활용 등 다양한 IoT 네트워크 모델을 제시하고 있다. 현장 기기의 스마트센서, 게이트웨이에서 IoT 인프라, 플랫폼을 거쳐 서비스까지 이어지는 IoT 인프라 6가지 모델이 일반적으로 사용되고 있다. IoT 인프라를 사용하고자 하는 목적, 비용, 시간, 서비스 등을 고려하여 선택하여야 한다.

1 근거리 IoT 망

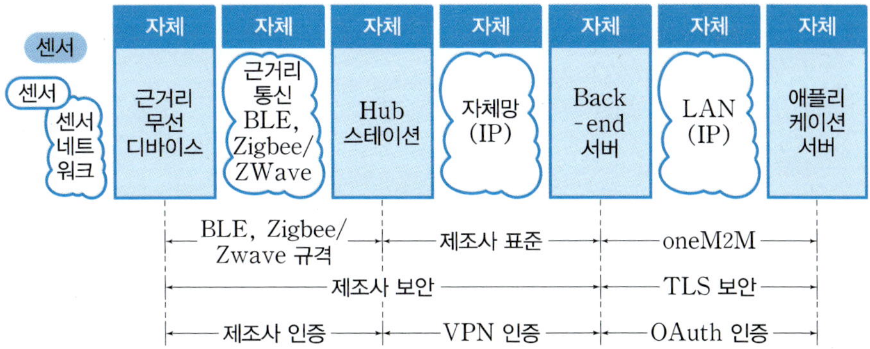

그림 6.16 근거리 IoT망을 이용한 IoT 활용 모델

BLE, Zigbee, Z-Wave 등의 근거리 무선 통신 기술을 활용하여 구현한 IoT 모델이다. LoRa 통신 대신 허브 스테이션이 게이트웨이 역할을 수행한다.

표 6.6 근거리 IoT 망을 이용한 IoT 활용 모델 개요

구간	연계 표준	보안 및 인증	
근거리 무선 디바이스 – 허브스테이션	BLE, Zigbee/ Z-Wave 표준	제조사 보안	제조사 인증
허브 스테이션 – 백엔드 서버	제조사 표준		VPN 보안 & 인증
백엔드 서버 – 애플리케이션 서버	oneM2M Release 1		OAuth 2.0 인증

2 Sigfox IoT 망

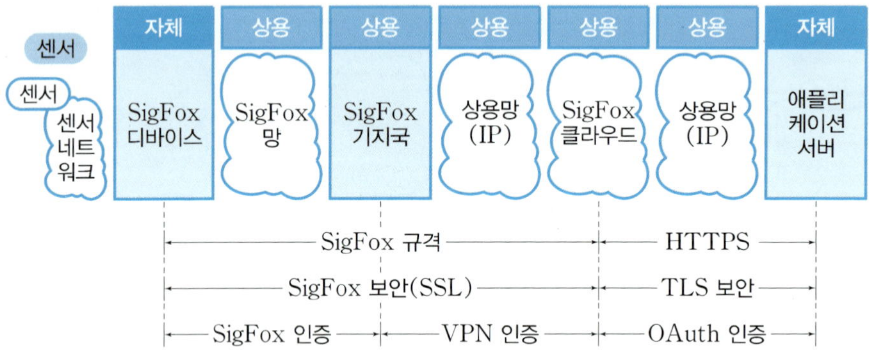

그림 6.17 Sigfox IoT 망을 이용한 IoT 활용 모델

상용 Sigfox 망을 이용하여 IoT 인프라를 구축하는 방식으로 통신사 서비스 방식으로만 운영이 가능하다. 종단간 방식으로 서버와 디바이스를 제외한 모든 인프라를 상용화 된 제품으로 구축한다.

표 6.7 Sigfox IoT 망을 이용한 IoT 활용 모델 개요

구간	연계 표준	보안 및 인증	
Sigfox 디바이스 – Sigfox 기지국	Sigfox 표준	Sigfox 보안 (SSL)	Sigfox 인증
Sigfox 기지국 – Sigfox 백엔드 서버			VPN 인증
Sigfox 백엔드 서버 – 애플리케이션 서버	HTTPS	TLS 1.2, IPSec 보안	OAuth 2.0 인증

3 자체 LPWA 망

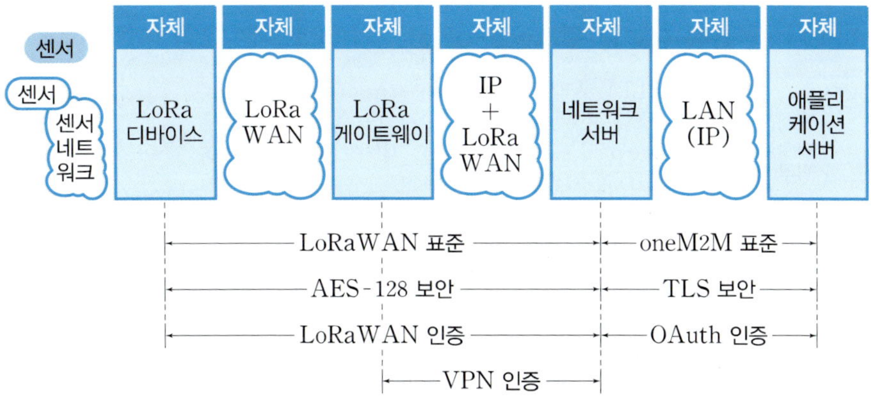

그림 6.18 자체 LPWA 망을 이용한 IoT 활용 모델

비면허 대역 LoRa 기반의 LoRaWAN 네트워크를 이용하여 구현한 기본적 IoT 모델이다.

표 6.8 Sigfox IoT 망을 이용한 IoT 활용 모델 개요

구간	연계 표준	보안 및 인증	
디바이스 – LoRa 게이트웨이	LoRaWAN 1.1 표준	AES–128/256 보안	
LoRa 게이트웨이 – 네트워크 서버			VPN 인증
네트워크 서버 – 애플리케이션 서버	oneM2M Release 1	TLS 1.2, IPSec 보안	OAuth 2.0 인증

4 통신사 IoT 서비스 이용

그림 6.19 통신사 IoT 서비스를 이용한 IoT 활용 모델

통신 사업자가 제공하는 면허대역 무선망(LTE-M, NB-IoT) 및 통신사 플랫폼을 이용하는 IoT 활용 모델이다.

표 6.9 통신사 IoT 서비스를 이용한 IoT 활용 모델 개요

구간	연계 표준	보안 및 인증	
디바이스 – 통신사 플랫폼	LoRaWAN, NB-IoT, LTE-M	통신사 보안	통신사 단말 인증
통신사 플랫폼 – 애플리케이션 서버	oneM2M, OCF, 통신사 표준	TLS 1.2, IPSec 보안	통신사 플랫폼 인증

5 Wi-Fi 통신망

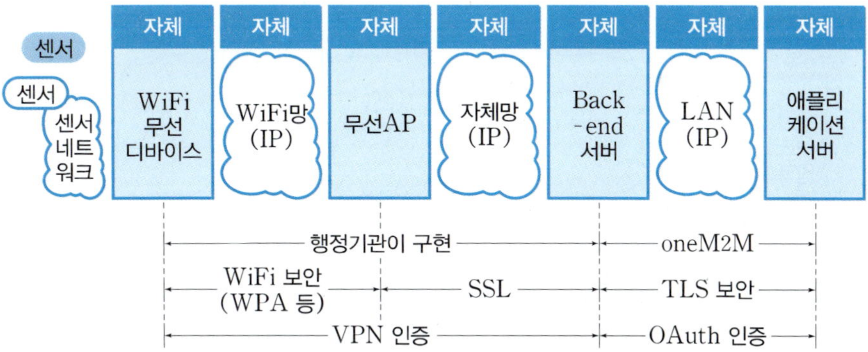

그림 6.20 WiFi 통신망을 이용한 IoT 활용 모델

Wi-Fi 통신을 기반으로 구성하는 IoT 활용 모델이다. 게이트웨이를 네트워크 장비로 구현 가능하다는 장점이 있다.

표 6.10 Wi-Fi 통신망을 이용한 IoT 활용 모델 개요

구간	연계 표준	보안 및 인증	
Wi-Fi 무선 디바이스 - 무선 AP	자체 구현	Wi-Fi 보안 (WPA 등)	VPN 인증
무선 AP - 백엔드 서버		SSL	
백엔드 서버 - 애플리케이션 서버		TLS 1.2, IPSec 보안	OAuth 2.0 인증

6 통신사 IoT망 활용

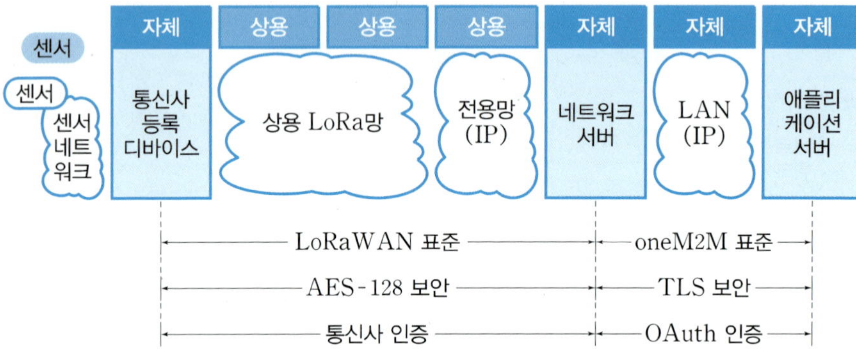

그림 6.21 통신사 IoT망을 활용한 IoT 활용 모델

LoRaWAN 등 자체망 대신 통신사업자가 제공하는 면허대역 IoT망으로 구성하는 모델이다.

표 6.11 통신사 IoT 서비스를 이용한 IoT 활용 모델 개요

구간	연계 표준	보안 및 인증	
디바이스 – 네트워크 서버	LoRaWAN 1.1	AES–128/256 보안	통신사 인증
네트워크 서버 – 애플리케이션 서버	oneM2M Release 1	TLS 1.2, IPSec 보안	OAuth 2.0 인증

제7장

전력 IoT 감시 서비스

설비상태 감시를 위한 전력IoT

배전 선로를 구성하는 개별 설비의 신뢰도와 상태는 전력공급의 중요한 요소이다. 배전 전주, 전력선, 변압기, 차단기, 개폐기와 같은 배전 설비와 감시·계측, 통신 및 제어장치와 같은 운영설비로 구성되어 있다. 이러한 배전 설비는 전국단위로 현장 중심적 순시, 점검, 고장 예방 관리가 이루어지고 있다. 설비 규모와 비교하면 한정된 인력 및 비용으로 관리하여야 하므로 효율성이 중요하다. 인력 위주의 유지보수는 설비 점검의 연속성 확보가 어려워 설비 이상이나 고장 발생 시 즉각적인 대처에 어려움이 있다. 전력 IoT는 이에 대응하는 좋은 수단과 방법을 제공해주며, 대량의 현장 데이터가 축적될 경우 독창적인 부가서비스 창출이 가능해질 것이다.

국내 전력회사 최초로 2015년부터 IoT 기반의 배전 설비 모니터링 시스템을 구축하였고, 지속해서 새로운 센서를 추가 설치하여 확대 운영하고 있다. 전력설비 감시 목적에 맞는 IoT 구성을 위한 고려사항부터 센서 디바이스의 기본설계 및 개발, 플랫폼 운영, 계측 데이터 분석에 이르기까지 전반적인 전력 IoT 감시 인프라를 소개한다.

01
전력설비 상태 진단 및 이상 신호

전력설비의 유지보수라는 측면에서 살펴보면, 산업화가 본격적으로 이루어지던 과거에는 설비 및 기자재의 고장이 발생한 이후 수리나 조치가 이루어지는 것이 일반적이였다. 하지만 기술발전과 인프라의 확장에 따른 서비스 요구 수준 및 안전 의식이 향상되었으며, 전력설비의 유지보수 방식은 주기적으로 설비를 점검하며 사전에 설비고장을 방지하는 예방진단 개념으로 바뀌게 되었다. 하지만 전력설비들은 운전방법, 사용 연수, 사용 환경에 따라 성능 저하 속도가 다르므로 점검방법 및 주기, 적절한 점검 시기를 결정하기 어렵다는 문제가 있다.

최근 예방진단의 새로운 접근방법으로 시도되고 있는 고장 예지를 통한 유지보수 방법이 있다. 설비가 고장 나기 전에 수리 또는 교체하여 사고를 방지하여 경제적인 손실과 피해를 최소화하는 기술이다. 고장 예지를 위해서는 충분한 데이터가 필요하므로 설비에 센서를 설치하여 고장 징후와 관련된 사전신호를 수집하여야 한다. 수집된 데이터는 단일 또는 다른 데이터와 융합 분석하여 상태를 예측하게 되는데, 기계학습, 인공지능 기술의 급속한 발전으로 전력 분야뿐만 아니라 산업계 여러 분야에서 활발하게 연구가 진행되고 있다.

표 7.1 고장 예측 시간과 운영기법

Time (to failure)	Months	Weeks	Day	Failure
운영기법 (Maintenance model)	고장예측 (Predictive)	상태감시 (Condition-monitoring)	고장예방 (Preventive)	사후보전 (Reactive)
관련기술 (System)	예측 모델링 (IoT & AI Sys.)	원격 상시감시 (Sensor NW Sys.)	설비 진단/계측 (Diagnostic Sys.)	고장검출/제어 (Automation Sys.)

전력설비에서 고장 예지는 특정 시점에서 전압, 전류의 특이 신호를 검출하고 분석하여 고장 징후 및 노후도를 예측하는 대표적 접근법이다. 이를 위해서는 전압, 전류에 포함된 짧은 순간 나타나는 특이 신호를 안정적으로 검출하는 기술이 필요하다. 전력설비 어느 곳에서나 쉽게 원하는 신호를 검출할 수 있는 스마트센서가 있어야 하며, 다수의 센서에서 전송되어 온 데이터를 수집, 분석 처리하는 인공지능 응용기술이 함께 적용되어야 한다.

전력공급 인프라로서 국내 전국적으로 운영 중인 배전 선로는 1만 2천여 개에 이르며, 이들 배전 선로에서 발생한 5분 이상 지속된 정전 고장의 약 35%가 전력설비의 노후화, 불량 등 기자재 문제로 발생하고 있다. 전력회사에서 방대한 전력설비를 운영하면서 불가피하게 발생하는 고장을 제외하면 가장 큰 비중을 차지하고 있다. 따라서 불량 기자재로 인한 정전 고장은 고객 전기품질 향상에 중요한 문제로 다루고 있다. 전력설비 이상을 감시하거나, 고장을 예측할 수 있는 기술은 전력공급 신뢰도를 향상하는 데 도움이 된다.

고장 예지 기술은 전력설비로부터 필요한 데이터를 계측하고, 이들 데이터를 수집하고, 수집한 데이터를 분석하고, 상태 추정으로 의사 결정하여 고장 발생 전에 조치하는 일련의 기술로 이루어진다. 고장 전에 전력설비에서 발생하는 이상 징후 신호를 계측하는 것이 가장 중요하며, 이를 분석하여 상태를 정량적으로 판단하여야 한다.

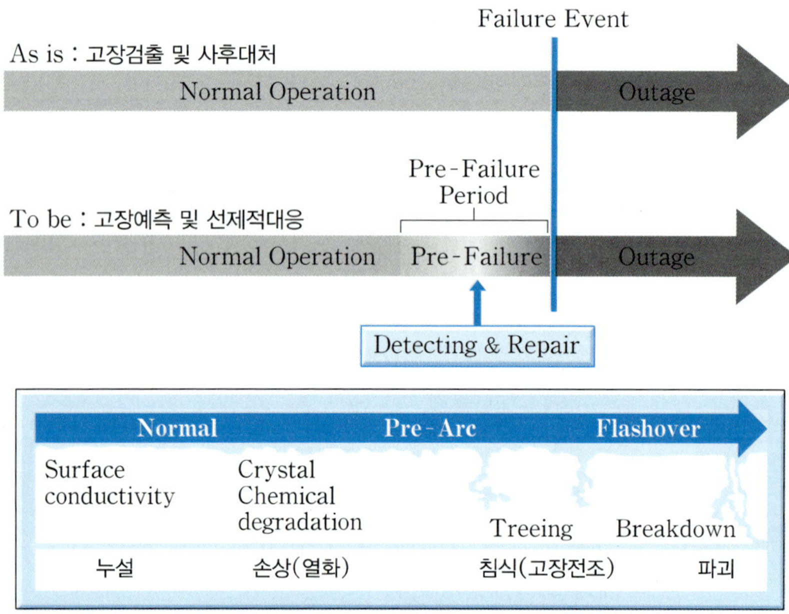

그림 7.1 배전 설비 이상 신호 검출 개념도

배전 선로 운영에서 현장 설비의 상태를 포함한 계측정보를 취득할 수 있는 시스템은 다양하다. 대표적으로 배전 선로를 운전하는 배전자동화시스템, 배전망의 전기품질을 감시하는 전기품질감시시스템, 수용가 전력 사용량을 관리하는 전력량데이터 관리시스템, 전력 IoT 운영시스템 등이 있다. 배전자동화시스템은 선로에 고장이 발생하였을 경우 고장 전류를 검출하고 차단기,

리클로져, 개폐기 등 자동화 설비로 고장 전류를 차단하고, 고장이 발생한 구간만 분리하여, 건전한 구간에 대해 전력공급을 신속히 복구하는 시스템이다. 따라서 평상시 전류, 고장이 발생한 순간의 전류 등 선로의 계측정보를 수집하고 있으므로 상태예측 분석에 사용 가능한 데이터를 활용할 수 있다.

이상 신호를 획득하기 위해서는 설비에서 발생하는 이상 신호 특성을 이해한 다음 관련된 시스템을 설계해야 하며, 이상 신호의 특성에 맞는 센서를 설계하고, 신호를 적절한 크기로 수집해야 감시하고자 하는 전력설비의 상태를 정확히 분석할 수 있다.

1 피뢰기 고장

배전 선로에서 피뢰기는 뇌 서지에 대해 전력설비를 보호하기 위해 해당 설비의 전원 측 또는 전력선의 일정 거리마다 시설하는 기자재이며, 노후도가 증가하면 점차 누설전류가 증가하다가 내부 관통 절연파괴되어 고장으로 이어진다.

노후 피뢰기 접지 측에서 미소 누설전류를 측정하면 전체적으로 누설전류가 증가하게 되며 특히 저항분 누설전류가 크게 나타나는 특징이 있다. 또한, 배전 선로에서 계측한 전류 및 전압 신호 변화도 나타나는데, 이상이 상당히 진전되었을 때 검출이 가능하다. 아래 그림에서와 같이 배전 선로에 시설된 고장 피뢰기에 대한 이상 파형 실측 사례에서 보면 전압 및 전류 신호의 비주기적 변화가 반복해서 나타난다.

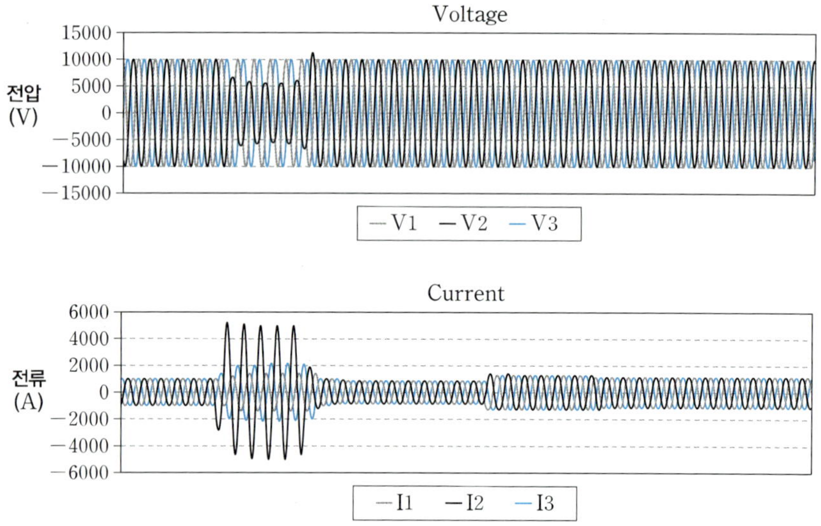

그림 7.2 피뢰기 고장에 대한 사전 발생 파형 사례(전압/전류)

2 케이블 고장

배전급 케이블 내 고장이 발생하는 시점의 전압 신호는 진동 현상(oscillation)이 나타나고, 전류 신호는 순간적으로 증가하는 임펄스 현상이 발생하는 특징을 보인다. 전압 신호의 진동 현상은 주파수변환(이산 웨이블릿 변환)과 같은 신호처리방법 등으로 검출할 수 있다. 또한, 접지 측 전선에서 높은 주파수 대역의 전류가 나타나므로 이를 검출하는 방법도 고려해 볼 수 있다.

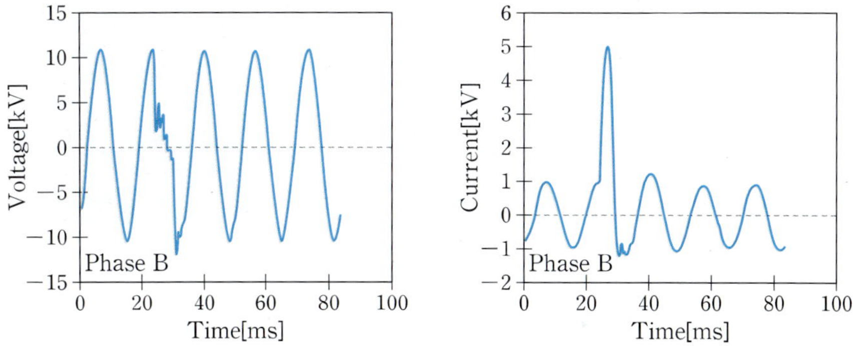

그림 7.3 케이블 고장에 대한 해당 시점 전압/전류 파형 사례

3 전선 불완전 접속

가공전선의 접속부는 압착 또는 금구류 체결부 불량으로 인해 단선 등의 고장이 생기기 쉽다. 순간적으로 발생하는 전압, 전류 신호의 왜곡을 계측하여 고장을 조기에 검출하는 것이 가능하다. 노이즈와 유사한 미소 신호형태로 나타나며, 센서를 적용하는 경우 PT와 CT 전단의 아날로그 필터 등을 설치하여 안정된 신호로 취득할 수 있다.

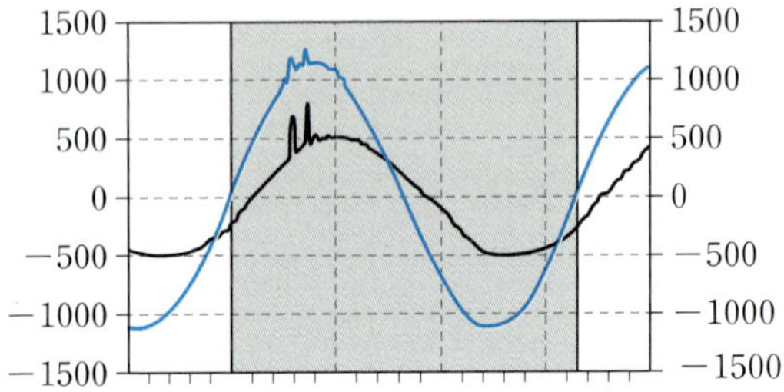

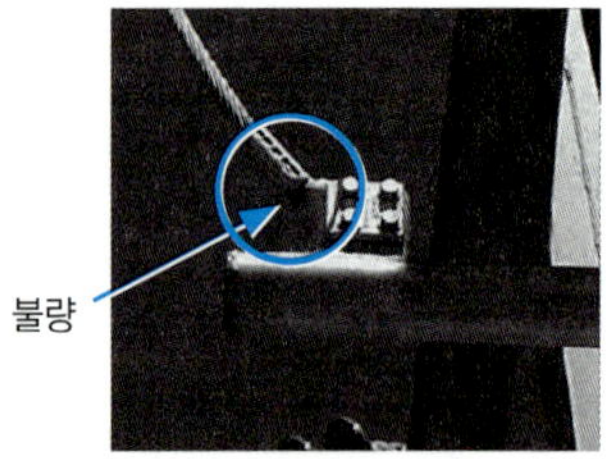

그림 7.4 전선 접속부 불량시 발생되는 전압, 전류 파형 유형

4 애자 손상

애자의 절연이 손상되면 가공전선 접속부 불량에서 나타나는 미소 신호와 유사하게 전압 및 전류 파형 왜곡 신호가 검출된다. 애자 표면에 부착된 오손물이나 미세한 균열은 심할 경우 섬락 고장으로 이어질 수 있다. 오손이나 미세 균열 초기에는 높은 절연저항으로 인해 전압 신호에서 노치(notch)와 같은 순간 변화가 피크지점 근처에서 주기적으로 발생하는 특징이 있다. 애자 절연이 점차 파괴되면서 노치신호가 영점(zero-crossing) 근처에서 발생하게 된다. 누설전

류 역시 노치의 신호 형태를 보이다가, 절연파괴가 진행됨에 따라 계통주파수를 따르는 양상을 보인다.

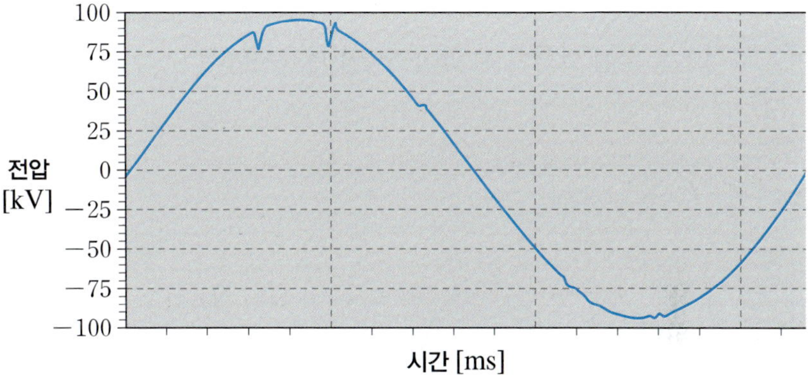

그림 7.5 애자의 절연 파괴에 의한 변전소 전압 파형

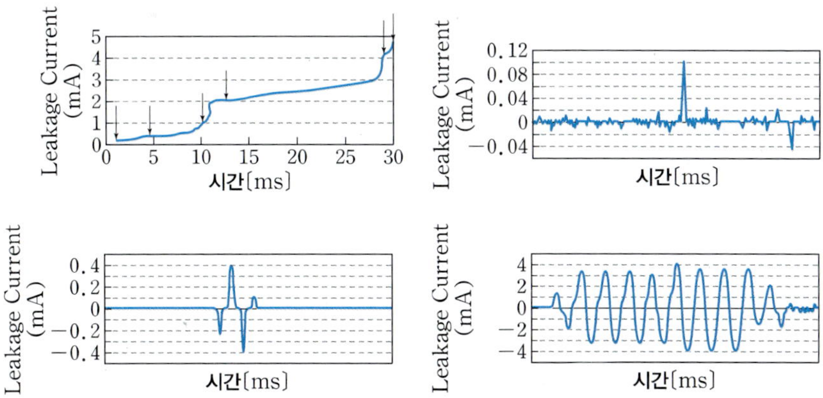

그림 7.6 훼손된 애자의 누설전류 파형 예시

5 변압기 과부하

배전 선로의 변압기 용량보다 부하전류가 커지게 되어 전력 부하가 증가할 때, 이를 전력 신호로 검출할 수 있다. 변압기 과부하에 따라 전압 신호가 일그러지며 대표적으로 손실 발생에 의한 고조파가 계측된다.

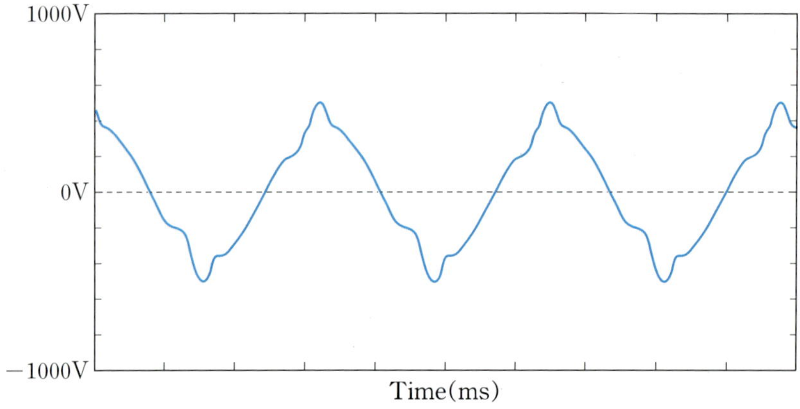

그림 7.7 변압기 과열에 의한 전압 파형

이상으로, 전력설비의 이상 신호에 대하여 몇 가지 유형을 살펴보았다. 이외에도 다양한 상태변동에 대하여 전력 신호를 계측하는 것으로 이상 현상에 대한 이벤트를 조기 검출할 수 있다. 이를 위해서는 특정 현상을 검출하기 위한 분석과 알고리즘도 필요하지만, 인지 가능한 형태의 적정수준의 전압, 전류 전력 신호의 계측기술을 적용하여야 한다. 무선센서 기반의 전력 IoT 계측을 통하여 이러한 신호를 연속적으로 검출하면 현장에 가지 않고, 보다 효율적으로 전력설비를 관리할 수 있다.

02

IoT 기반 배전 설비 모니터링 시스템

1 일반 사항

본 장에서는 전력 IoT 기술의 활용을 위한 다양한 서비스와 IoT 기술 기반의 배전 설비 실시간 감시서비스 개념에 관하여 설명한다. 전주에 설치하는 가공 설비를 감시하기 위해서는 개별 설비에 스마트센서를 부착하거나, 일정 거리(보통 20m 이내)에서 애자, 변압기, 개폐기 등의 설비를 지향해 센서를 설치하여 미세한 이상 신호를 검출한다.

현재는 전문인력이 현장에서 고가의 진단 장비를 사용하여 배전 설비를 순시, 점검하고 있다. 전국 설비를 연중 1회 이상 점검하는데 많은 인력과 비용이 소요되며, 수차례 점검으로 설비의 노후화를 정확히 판단하여 유지보수 계획을 수립하는 데 어려운 점이 있다. 순시 및 점검에서 주의를 필요로 하는 설비나 중요 부하 공급을 위한 관심 설비에 대해 저가의 무선센서를 설비에 부착하고 연속적으로 원격 감시하는 방법에 대해 그 실효성이 커지고 있다고 할 수 있다. 이러한 스마트센서를 이용한 전력설비 데이터 수집은 다음과 같은 사항들을 고려하여야 한다.

- (대상) 무엇을 계측할 것인가?
- (위치) 계측 위치는 어디가 적합한가?
- (적용) 전력설비에 설치는 간편한가?
- (저전력) 오랫동안 사용할 수 있는가?
- (확장성) 얼마나 많은 스마트센서를 수용할 수 있는가?
- (편의성) 자동으로 센서 네트워크가 구성되는가?

검출 대상

센서의 구현 방식이나, 정밀도 등에 따라 가격, 크기, 소비전력 등이 다르다. 따라서 사용하고자 하는 목적 및 환경에 맞는 적정한 형태 및 가격의 센서 선정이 필요하다. 배전 선로에 설치된 각 설비의 절연 손상이 있는 경우에 이상 현상은 주로 열, 빛, 가청 소음, 초음파 신호 등으로 나타난다. 이를 감지하기 위해 온도, 습도, 광, 초음파 센서 등이 사용된다. 또한, 전주는 풍속이라는 환경조건의 영향을 받게 되므로 일정 부분마다 풍향, 풍속 센서가 필요하며, 과도한 장력 및 외부 충격(예 : 차량의 충돌)으로 인한 이상 상태는 가속도, 기울기 센서로 감지할 수 있다. 이러한 센서들은 배전 설비에 영향을 주지 않도록 설계하여야 한다.

센서 위치

센서는 설비의 이상 신호의 검출 감도가 크다고 예상되고, 계측이 쉬운 장소에 부착되어야 한다. 예를 들어, 열 감지 온도 센서의 경우 변압기나 전선 연결 부위 등 열로 인한 문제가 나타나는 곳이 적합하다. 고전압, 대전류가 흐르는 전력선에 직접 부착할 경우 코로나 방전이나 전자계 영향이 없도록 해야 한다. 전주의 흔들림 혹은 기울어짐을 측정하는 기울기 센서의 경우에는 높게 설치할수록 좋겠지만 센서 감도를 고려하여 작업성이 좋은 위치에 설치할 필요가 있다. 다만 기울기 변화가 적은 전주의 아래쪽은 피하여 설치하는 것이 좋다. 또한, 전주는 태풍과 같은 풍속에도 견딜 수 있게 설계되었으므로 풍속에 따른 위험 감지를 위해 전주 상단부에 풍속 센서를 설치하는 것이 좋다.

적용 편의성

배전 설비는 고전압, 대전류를 전송하는 기능을 한다. 이러한 특성상 전주는 늘 위험을 내포하고 있으며, 높은 위치에서 설치가 이루어지는 경우가 많다. 따라서 센서 디바이스의 크기, 함체 구조, 탈부착 방법 등을 고려해서 제작하여야 한다.

센서 전력 소모량

센서 설치가 어렵다는 것은 그만큼 유지보수가 어렵고, 별다른 유지보수 없이 수년의 동작을 지속해야 한다. 전주는 자격 있는 사람이 허가받고 작업할 수 있는 공간이므로 설치에 비용이 많이 들며, 유지보수의 비용 또한 클 수밖에 없다. 따라서 센서 디바이스를 저전력으로 구성하며, 긴 수명주기로 오랫동안 동작할 수 있어야 한다. 태양광 혹은 전력선에서 에너지를 얻는 방법으로 센서 디바이스 전원을 구성하는 것이 좋다.

확장성

배전 전주는 보통 50m 이내에 또 다른 전주가 설치된다. 하나의 전주에 설치된 센서 디바이스에서 계측 데이터를 수신받아 전송하는 게이트웨이가 전주마다 설치된다면 그 비용은 비싸지고 연결성은 떨어질 것이다. 일정 구역 내에 수십 또는 수백 개의 센서 디바이스가 설치되고, 여기에서 발생하는 데이터를 광역 망으로 연결하는 게이트웨이를 최소화하는 전략이 필요하다. 즉, 하나의 게이트웨이에서 얼마나 많은 센서 디바이스를 수용 가능한가의 문제로 귀결된다. 소량의 센서 디바이스만을 수용할 수 있다면, 많은 게이트웨이 설치가 필요하므로 비용 대비 효과 측면에서 배전 설비 관리에 적합하지 않을 것이다.

연결 편의성

현장에 수십 개에서 수백 개의 센서 디바이스가 설치되고, 필요에 따라 수시로 위치가 변경될 수 있다. 이에 대한 네트워크 구성을 사용자가 일일이 관여해서 지정하는 것은 많은 시간과 비용이 소요된다. 센서 디바이스들은 설치와 동시에 자동으로 네트워크가 구성되어 게이트웨이를 통해 데이터가 전달되어야 한다.

2 IoT 스마트센서 적용 분야 및 최적 센서 위치 선정

배전 선로를 관리하거나 설비상태를 감시하기 위한 다양한 스마트센서가 개발되어 있다. 이들 센서는 개별 설비나 선로에서 고장이나 이벤트가 발생하면 운영자에게 무선으로 알람을 전송하여 선로를 보다 안전하고 편리하게 관리할 수 있도록 도와준다. 주로 전압이나 전류 계측 위주였던 전력설비 센서는 온도, 습도, 기울기, 초음파, 자외선 등 선로의 다양한 상태정보를 검출할 수 있는 것으로 확장되었으며, 이들 정보를 활용할 경우 배전 선로의 최적 설계 및 운영에 도움이 된다. 적용하는 형태에 따라 전선류에 직접 설치하는 클램프 형식, 라인포스트와 같은 애자를 대체하는 애자 형식, 전력기기에 내장하는 형식 등이 있다.

종래의 순시, 진단방법과 전력 IoT 감시 개념은 검출, 데이터 처리, 통신 등의 방법에서 개념적 차이가 크다. 전력 IoT 감시는 주로 무선 연결성을 가지므로 고전압에 노출된 임의 위치에 설치할 수 있어 설비 이상 신호 취득이 쉽다. 따라서 가격이 저렴하고 감도가 다소 낮은 센서를 사용하여도 되는 장점이 있다. 일반적으로 스마트센서류는 별도의 전원을 공급해주어야 하나, 배전 선로에 설치하는 센서의 경우 자기유도(magnetic inductive) 혹은 태양광발전을 이용해서 전원을 공급받은 형태로 제작 가능하므로 전원확보가 상대적으로 쉽다.

전력 IoT는 표준화가 되어 있어 스마트센서는 사용자 필요에 따라 다양한 형태로 쉽게 제작할 수 있다. 배전 선로에서 주로 사용하고 있는 스마트센서는 다음과 같다.

- 선로 고장감지, 정확한 고장 구간 판단하기 위한 전류를 측정하는 센서
- 전주에 설치된 애자류와 개폐기 붓싱 등과 같은 절연물의 균열 또는 표면 열화로 발생하는 초음파(주로 39kHz에서 41kHz 대역)를 감시하는 센서
- SF6 절연 개폐기의 가스주입구에 설치하여 가스압력을 측정하는 센서로 단위는 Mpa 또는 kg/cm^3이며 외부에서 확인할 수 있는 센서
- 전류에 의한 유도 자기장의 세기를 검출하여 전송할 수 있는 성능을 갖는 무선센서로 전력설비 표면 또는 근접시켜 측정하는 센서
- 설비 기준면에 대한 기울기를 측정하는 무선센서로 함체 내부 또는 외부에서 3축 정보를 측정하는 센서
- 설비에 가해지는 외부 충돌 충격, 변압기 진동 등의 동적 힘을 측정하는 센서
- 도선에 장착하여 흐르는 전류를 측정해 전송할 수 있는 성능을 갖는 센서

배전 설비 적용 스마트센서 사례

가공 전주에 설치되는 주상변압기를 감시하는 무선센서는 변압기 함체 또는 내부에 삽입하는 구조로 할 수 있다. 다만, 검출 감도 측면에서 센서를 함체 내

부에 설치하는 것이 유리하다. 사용 중인 변압기를 분해하거나 운전 정지하지 않고 센서 검출부(계측)를 변압기 함체 상부에 있는 방압밸브를 통해 내부로 삽입하여 설치한다. 센서 몸체는 방압밸브에 금구를 연장하여 설치하며, 이때 일정 수준 이상의 내부 압력을 배출하는 방압밸브의 고유기능을 저해하지 않아야 한다. 센서 함체는 절연유 접촉으로 변형이나 손상되어 않아야 하며, 운전 중 누유가 되지 않도록 패킹 처리한다. 내부에 삽입하여 절연유 상태를 감시하는 센싱부는 탄소나노튜브(CNT), 온도 센서 등이 사용될 수 있으며, 변압기 절연유 상부 공간에서 미세 방전을 검출하기 위한 센싱부는 자외선(UV) 센서, 진동 센서 등을 사용할 수 있다. 또한, 진동 센서는 변압기 외함 상부에 있는 순간 압력저감장치 또는 함체 내부 감시 모듈에 추가로 사용할 경우 고장이나 이상 압력을 쉽게 판단할 수 있다.

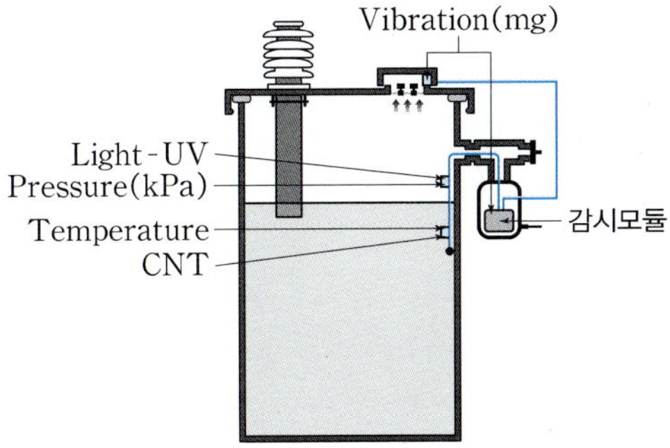

그림 7.8 변압기 감시 센서 적용사례

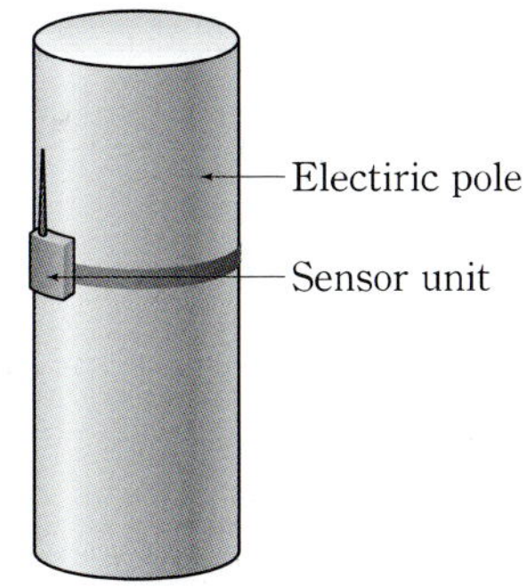

그림 7.9 전주감시 센서 적용사례

다음으로 배전 전주의 상태를 측정하는 감시 센서가 있다. 배전 전주에 독립적으로 부착하여 기울기, 진동 등의 변형을 주로 계측한다. 장기간 설치하였을 때 센서 자체의 변형으로 인한 계측오류가 있지 않아야 하므로 센서는 계측용 보드, 함체, 설치기구부 등이 견고하게 일체화되어 있어야 한다. 또한, 환경적 요인이 센서의 미소한 변형을 가져와 계측에 영향을 줄 수 있어 현장 적용에 있어서 신중한 검토가 필요하다. 센서는 전주의 표면에 설치하는 것이 일반적이나, 필요에 따라 애자 감시 센서 등 다른 센서와 병합하여 적용할 수 있다.

개폐기 감시 센서는 온도, 초음파, SF6 가스압력, 누설전류 등을 계측하는 것을 사용할 수 있으며, 고장과 밀접한 영향이 있는 부싱 하부, 리드선, 가스 주입구(가스 개폐기에 한함) 등에 설치하는 것이 좋다. 부싱 균열 또는 부싱 결함부에서 방사되는 초음파 및 진동 신호를 감지하거나, 개폐기 내부 가스압(약 1.5기압)의 변화를 감지할 수 있는 구조로 적용할 수 있다. 개폐기 내부에 센서를 설치하거나, 함체로 통합 제작 가능한데 무선 통신의 경우 통신 도달 거리를 고려하여야 한다. 외부에 센서를 부착하는 경우 현장 설치조건을 고려하여 검출 센서의 방수특성, 검출 방향성, 무선 통신 안테나 방향 등을 고려하여 위치, 부착 방식, 방향을 결정한다.

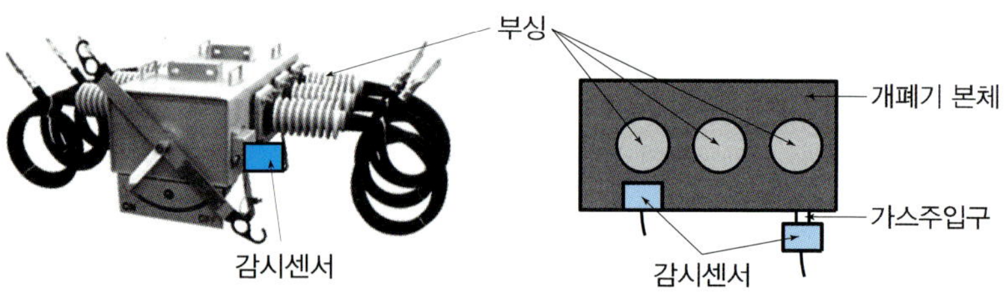

그림 7.10 가스 개폐기 감시 센서 설치 예

배전 가공선로의 애자류 감시 센서는 완금상부 애자 베이스에 밀착 설치되는 구조로 적용할 수 있다. 센서는 애자의 특징에 따라 전력설비 및 절연물의 전기적 성능에 영향으로 주지 않는 구조로 개발되어야 한다. 또한, 센서의 검출 감도의 향상을 위하여 보조 금구류 등을 추가로 사용하는 것도 고려할 수 있다. 센서는 초음파, 누설전류 등을 측정할 수 있으며, 애자 감시 센서에 다른 전주감시 및 주변 환경감시 센서를 병합하여 개발 및 적용할 수 있다.

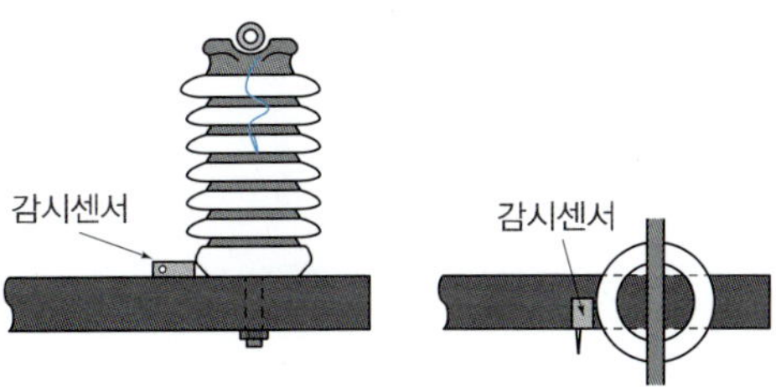

그림 7.11 애자 감시 센서 설치 예

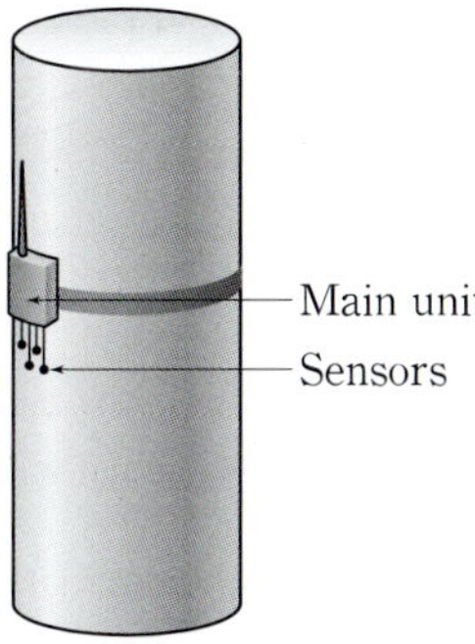

그림 7.12 환경감시 센서 설치 예

환경감시 센서는 배전 설비 주변 환경을 측정하기 위한 것으로 온도, 습도, 대기오염, 미세 먼지 등을 주기적으로 측정하고 여기에 가속도, 빛 감지 센서 등이 함께 구성되기도 한다. 배전 설비 감시 센서에서 계측한 정보와 융합 분석에 사용된다. 배전 전주에 독립적으로 부착하는 구조이며, 계측 정확도를 고려하여 센서의 검출부는 무선센서 함체 외부로 돌출되는 구조로 한다. 장기 성능 향상을 위해 함체는 내구성을 유지하여야 하며, 복사열에 의한 내부온도 상승, 각종 접속 단자의 수밀성, 금구류의 부식 내성 등에 대한 대책을 수립해야 한다.

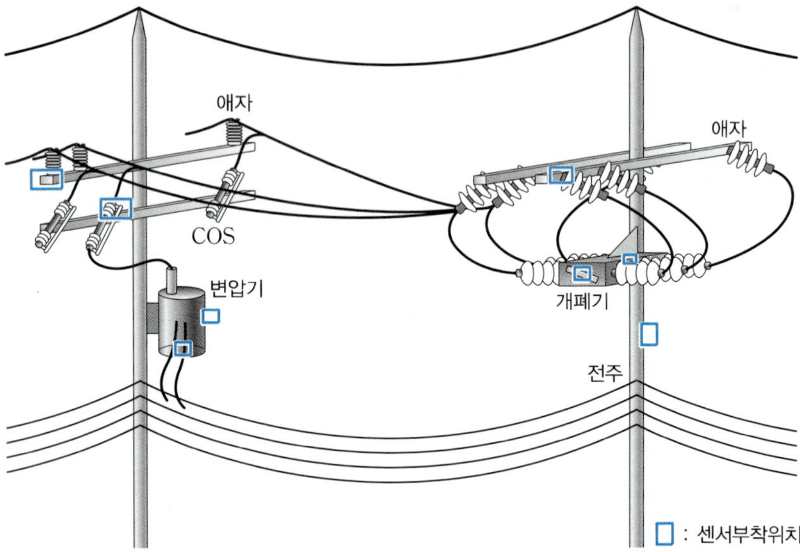

그림 7.13 스마트센서 가공선로 감시기술 적용환경

배전 선로에 설치하는 스마트센서는 설비의 물리적인 환경, 센서의 동작 특성, 검출 사양 등을 종합적으로 검토하여 결정하여야 한다. 또한, 센서의 소비전력, 함체 구조, 함체에 구성된 각종 단자류, 설치기구 등도 중요하다. 설치환경에 따라 동일 함체에 검출 센서를 모두 수용하는 것이 불가능한 경우 수집부를 하나로 하고 두 개 이상의 센싱부로 분리하여 제작하는 것도 가능하다. 마지막으로 설비별 복합센서는 설치, 운영되는 환경을 고려하여 스마트센서의 설치 중복을 피하고, 효율적인 부착구조를 가지게 설계되어야 한다.

3 센서 수집 데이터량 / 주기 조사

센서의 데이터 전송 주기는 센서로부터 획득한 정보가 언제 필요한가로 결정한다. 스마트센서는 다수의 계측 센서를 포함하고 있으며, 잦은 계측을 해야 할 경우 그만큼 데이터량이 늘어날 것이며, 간헐적인 계측만으로 충분하다면 데이터량은 줄어들 것이다.

필요에 따라 많은 양의 데이터를 전송할 수 있지만, 일반적인 계측 데이터는 2에서 4바이트로 표시할 수 있다. 하나의 센서 디바이스에서 발생하는 순수 센서 데이터량은 계측 주기에 따른 계측량이 될 것이다. 가령 4바이트의 센서값을 제공하는 센서 디바이스가 10분에 한 번씩 계측할 경우, 하나의 센서에 대한 순수 계측 데이터량을 계산하고 한 디바이스가 포함하고 있는 센서의 수를 곱하면 디바이스 당 센서 데이터량을 계산할 수 있다.

장치당 순수 센서 데이터량 = 센서 개수 × 센서 데이터 크기 × 일일 계측 개수
= 센서 개수 × 4byte × (24시간 / 10분)
= 센서 개수 × 576byte/일

센서의 순수 계측값 이외에 부가적으로 붙는 정보를 표시하는 데이터들이 추가된다. 예를 들면, 무슨 센서인지 식별하는 센서 ID에 대한 값, 계측 단위를 코드화한 값, 이벤트 여부 표시, 네트워크 정보 등이 추가된다. 따라서 하나의 센서 디바이스의 데이터량은 이러한 모든 부가 데이터를 합해야 한다.

스마트센서의 데이터량 = 센서 개수 × (계측 데이터량 + 부가 데이터)

또한, 네트워크 구성방식에 따라 네트워크 구성 및 유지를 위한 네트워크 메시지가 필요하다.

센서 디바이스 메시지 양 = 스마트센서 데이터량 + 네트워크 메시지 데이터량

일반적인 형태의 네트워크 및 서비스 구성에서는 위와 같이 센서 디바이스의 데이터량 계산을 할 수 있다. 이외에도 이벤트에 의한 메시지, 이벤트에 의한 주기 변경 등이 이루어지면 센서 디바이스의 데이터량이 더 추가된다. 데이터를 표시하는 방법이 문자열 형식을 취한다면 더욱 늘어날 수 있다.

4 센서 데이터 처리방안 및 운영방안

센서 데이터는 센서 디바이스에 수집한 값 그대로 서버로 전송하여 처리할 수도 있고, 서버와의 중간 역할을 하는 게이트웨이에서 1차 처리 후 서버로 전송하여 처리할 수도 있다. 전자의 경우에는 센서 디바이스의 모든 정보를 서버에서 처리하므로 서버에 부하가 집중되지만, 게이트웨이는 전달 역할만 함으로써 게이트웨이 디바이스 비용이나 구현을 간단히 할 수 있는 장점이 있다. 후자의 경우 게이트웨이가 센서의 필터링, 센서값 계산 및 표시 등 또 다른 기능을 수행해야 한다. 다양한 기능 추가로 게이트웨이 관리자에게 시각적인 편리

함을 주고 일정 부분 서버의 부하(load)를 줄일 수는 있지만, 게이트웨이 가격이 비싸고 별도의 표준이 있어야 하며 구현의 복잡도가 높아진다.

IoT 인프라의 구축 목적에 따라 서버 집중 혹은 에지 컴퓨팅의 운영방안을 적절하게 구성할 수 있다. 전력 설비 관리의 경우 현장에서 센서의 상태나 네트워크 구성 등을 점검할 경우가 발생하므로, 전자보다는 후자가 더 적당하다. 무선센서 네트워크 시스템은 실시간 모니터링 기준이므로, 계측이 발생하는 즉시 그 센서값을 전송해야 하며, 서버 측에서는 수집된 시간을 기준으로 센서 데이터를 처리한다.

배전계통에 적용하는 전력 IoT에는 스타형(환선형) 네트워크 방식이 설치 및 운용적 측면에서 경제적으로 판단되었다. 따라서 센서와 게이트웨이 간의 거리가 너무 먼 경우에는 중계 장치를 별도로 사용하여 해결하게 된다. 전력 IoT 구성에 사용하는 게이트웨이는 스마트센서의 무선 통신을 이더넷(인터넷) 전송방식으로 변환하며, 스마트센서에서 전송되는 정보 내에 IoT 플랫폼 프로토콜에 적합한 기능(등록, 수집, 변경 등)을 포함하고 있으면 게이트웨이는 단순한 중계(전달) 역할만 수행하도록 구성할 수 있다. 또한 게이트웨이에서 추가적인 처리가 필요하면 기능을 부가할 수 있으나, 인프라적 측면에서 복잡하며, 추가비용이 소요되므로 이를 고려한 설계가 필요하다.

전력 IoT 운영상 고려하여야 하는 다른 하나의 요소는 게이트웨이의 위치이다. 게이트웨이는 다수의 센서 디바이스로부터 데이터를 수신받아 광역망 혹은 서버로 신뢰성 있게 전송해 주어야 하므로 전원이 연속적으로 공급되어야 한다. 따라서 전주에 설치할 때 전원을 확보할 수 있는가, 서버로 연결하는 광역망(광망 등)이 있는가를 검토하여 위치를 결정하여야 한다. 모든 전주에 전원과 광역망을 확보하는 것은 경제적으로 실현되기 어렵다. 전력공급 또는 전력망 운영에 필요해서 시설한 저압 전원과 광역 통신망은 일부 전주에만 구성되어 있다. 따라서 전력 IoT 통신 네트워크의 설계는 이 위치에서 시작하는 것이 효율적이다. 게이트웨이 설치 높이는 커버리지를 고려하여 전주의 하단보다는 중단 혹은 상단에 설치하는 것이 좋으나, 게이트웨이 점검 또는 전력설비 유지보수에 영향을 주지 않도록 선택해야 한다.

03 전력 IoT 서비스 인프라

1 시스템 구성

한전은 다양한 통신망으로 전력설비를 운영하고 있으며, 전력 IoT 인프라는 이러한 기존 통신망과 융합 구성하는 것이 더 경제적이다. 따라서 전력 IoT를 위한 자체 저전력 무선통신망(LPWAN)을 구성하고, 배전 설비상태 진단 IoT 모니터링 시스템을 구현하였으며 그 사례를 소개한다. 시스템 구성, 센서 및 게이트웨이, 플랫폼의 기본 독립체, 리소스 등의 구성 경험을 참고하여 앞으로 IoT 인프라를 정의하고 구축시 참고가 되기를 바란다.

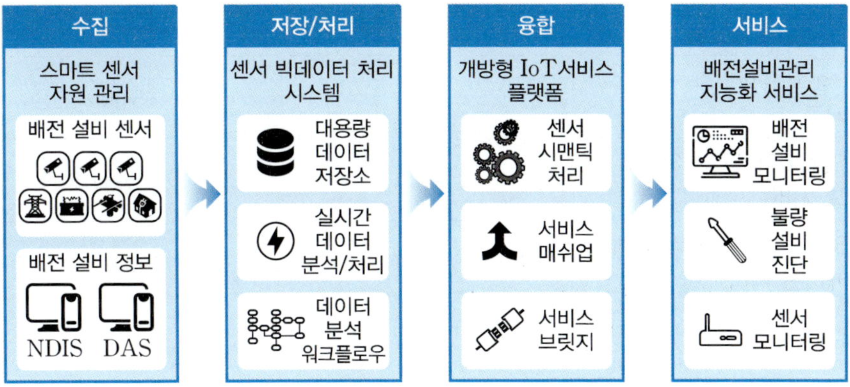

그림 7.14 한국전력공사 oneM2M 기반 IoT 플랫폼 개요

여기서 소개하는 전력 IoT는 오픈소스(모비우스) 기반으로 IoT 플랫폼 및 IoT 운영시스템을 구성한 내용이다. 서비스로서 배전 설비 관리시스템은 수집 서버와 관제 포털 웹(Portal Web)으로 구성된다.

배전설비 시스템에서 센서 노드는 oneM2M에서 정의한 주요독립체인 ADN-AE로 구성되며 MN-CSE 역할을 하는 게이트웨이를 통해 모비우스 플랫폼으로 계측 데이터를 전송하고, 수신된 계측 데이터를 통해 게이트웨이를 제어하게 된다. 또한, 외부 시스템과 연동하며 시스템 연동방식은 모두 HTTP를 사용하고 있다.

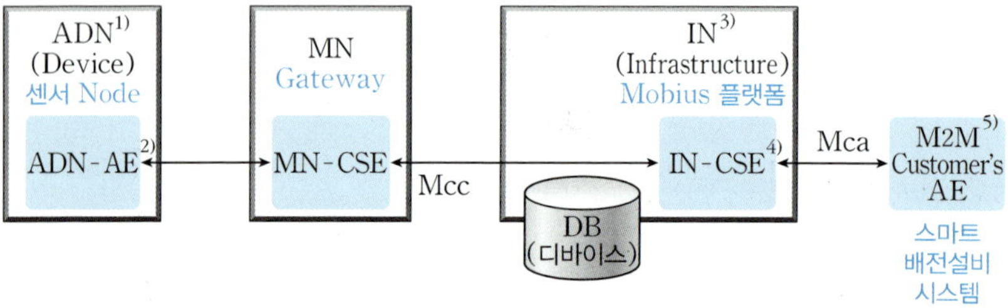

그림 7.15 전력 IoT 설비관리 시스템의 데이터 흐름

1) ADN : 애플리케이션 전용 노드(Application Dedicated Node)
2) AE : 애플리케이션 독립체(Application Entity)
3) IN : 인프라노드(Infrastricture Node)
4) CSE : 공통 서비스 독립체(Common Service Entity)
5) M2M : 기기간 연동(Machine-to-Machine)

2 주요 독립체(AE, CSE, NSE) 목록

oneM2M 기반 IoT 구조상에서 주요 독립체들을 먼저 정의 후 이를 기반으로 각 센서 및 설비를 관리한다. 전력 IoT 서비스의 경우 상태 감시를 위한 센서에 대한 정보 및 게이트웨이를 통한 네트워크와 관련된 독립체로 주를 이룬다.

표 7.3 IoT 주요 독립체 목록 및 설명

번호	독립체명	설 명
1	공통코드	시스템 내에서 사용할 공통코드 정보
2	부속코드	제조사 지원센서를 정의한 부속코드 정보
3	M2M 매핑	모비우스 플랫폼 연동관련 매핑정보
4	파일	시스템 내에서 사용할 파일 정보
5	사용자	사용자 목록 정보
6	제조사 기본	제조사 목록 정보
7	제조사 제품	제조사의 제품목록 정보
8	제조사 부속	제조사 제품의 들어간 부속코드 정보
9	게이트웨이 기본	게이트웨이 기본정보 목록
10	게이트웨이 주기보고 이력	모비우스에서 수신한 게이트웨이 주기보고 이력 정보
11	게이트웨이 통신제어 이력	App에서 요청한 통신제어 이력 정보
12	게이트웨이 상태 정보	게이트웨이 상태목록 정보
13	게이트웨이 연동 센서	게이트웨이와 연동할 센서 정보
14	전주	전주 목록 정보
15	센서 노드 기본	센서 노드 목록 정보
16	센서 노드 주기보고 이력	모비우스에서 수신한 센서 노드 주기보고 이력 정보
17	센서 노드 상태 정보	센서 노드 상태목록 정보
18	매쉬업 API	매쉬업 API 정보
19	공유그룹	스마트 디바이스 공유그룹 정보
20	통계 정보	통합 통계 정보
21	분석 정보	스마트 계측 분석 정보

3 oneM2M 플랫폼 리소스 정의

리소스 트리 정의

플랫폼 내 모든 디바이스들은 서버 내 리소스로 정의되고, 이러한 리소스를 표현하고 제어하기 위한 다양한 리소스 제어 방법들이 존재한다. 전력 IoT 서비스의 oneM2M 리소스 트리는 다음과 같이 정의하고 있다.

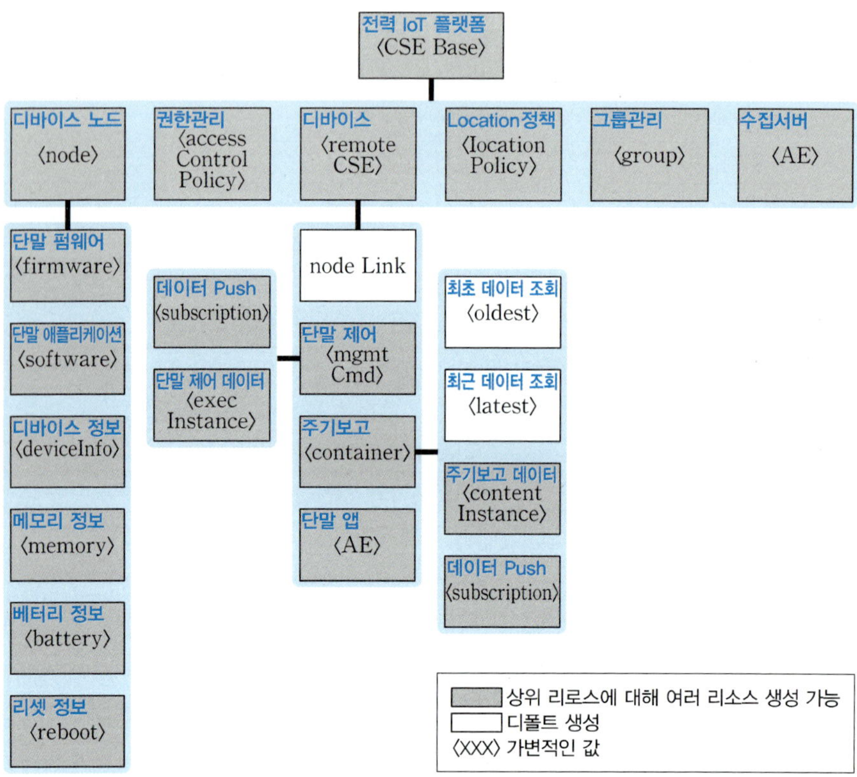

그림 7.16 전력 IoT용 oneM2M 리소스 트리

디바이스(RemoteCSE)

게이트웨이 및 센서 노드를 다음과 같이 RemoteCSE로 정의한다.

주기보고(Container)

Container는 게이트웨이 및 센서 노드가 계측 데이터 또는 게이트웨이의 상태를 전송하기 위하여 정의한 것으로 데이터의 저장 및 주기보고를 위해 사용된다.

주기보고 데이터(Content Instance)

Content Instance는 실제 계측 데이터를 저장하는 저장소를 말하며, 앞서 정의한 Container의 실제 수신된 계측 데이터를 저장한다.

단말제어(mgmtCmd)

mgmtCmd는 게이트웨이 및 센서 노드를 제어하기 위해서 정의하였다. oneM2M에서는 SMS등의 네트워크에서 제공하는 디바이스제어를 위한 Legacy 시스템 연동을 통해 디바이스를 제어하지만 제공되지 않는 경우를 위해 모비우스에서는 mgmtCmd를 정의하여 직접 디바이스를 제어한다.

데이터 Push(Resource Subscription)

게이트웨이 및 센서 노드에서 전달되는 데이터가 있는 경우 구독(subscription) 동작을 통해 애플리케이션으로 전달할 수 있다. 전력 IoT 서비스에서 각 게이트웨이 및 센서를 등록, 이벤트 알림 등을 모비우스에 구독하여 데이터를 수신한다.

OID(Object Identifier)

게이트웨이 및 센서 노드에 할당되는 고유 ID는 oneM2M에서 표준으로 사용하고 있는 OID체계를 활용하였다. OID는 인터넷에서 사용하는 인터넷 주소 체계 등과 유사하게 객체 타입의 유일성을 보장하기 위한 식별체계를 의미한다. 세계적으로 중복되지 않고 유일한 고유번호를 할당 및 등록하기 위해 트리 형태의 계층 구조를 사용한다.

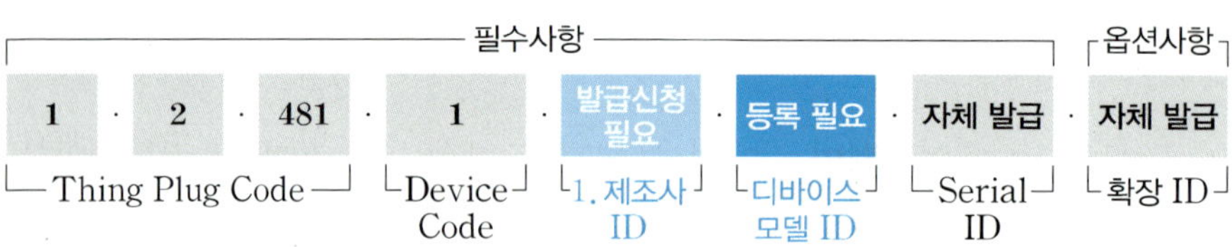

그림 7.17 ThingPlug의 OID 체계

전력 IoT 서비스에서는 제조사 ID, 디바이스 모델 ID 및 각 디바이스의 시리얼 번호순으로 OID를 정의하여 사용한다. 플랫폼 코드와 디바이스 코드는 1.2.481.1로 정의하여 사용한다. 시리얼 번호는 각 센서가 가지고 있는 고유의 ID 값을 10진수로 변환한 값을 적용한다.

예) 센서 BD Address : 34C731FF87BC = 58030141966268

현재 전력 IoT 서비스에 등록된 센서 및 디바이스에 대한 제품코드, 타입은 다음과 같이 정의된다.

표 7.4 전력 IoT 설비관리 시스템 적용 OID 예시

제품	제조사	제조사 코드	제품 코드	디바이스 설명	OID 정의
센서	A社	1	1	온도, 습도, 가속도, 빛 감지, 압력	1.2.481.1.1.1.시리얼
		1	2	온도, 가속도	1.2.481.1.1.2.시리얼
		1	3	온도	1.2.481.1.1.3.시리얼
		1	4	온도, 습도, 빛 감지, 압력	1.2.481.1.1.4.시리얼
게이트웨이	D社	2	1	게이트웨이	1.2.481.1.2.1.시리얼

스마트배전 설비 시스템 모니터링 인터페이스

스마트센서에서 수집한 데이터의 모니터링 인터페이스는 현재 스마트센서가 설치된 설비 정보, 센서 종류 및 개수, 설비별 데이터 현황 등과 같은 개요를 출력하는 화면과 함께 센서 위치, 지도상에서 계측값 및 설비를 시각화하는 화면을 기본적으로 제공하고 있다. 감시설비에서 이상이 계측된 센서의 경우 알람이 발생되며, 각 센서별 계측된 신호는 서버에 저장되어 이력을 확인하거나 향후 이상징후 예측, 이상치 검출 등에 활용될 수 있다.

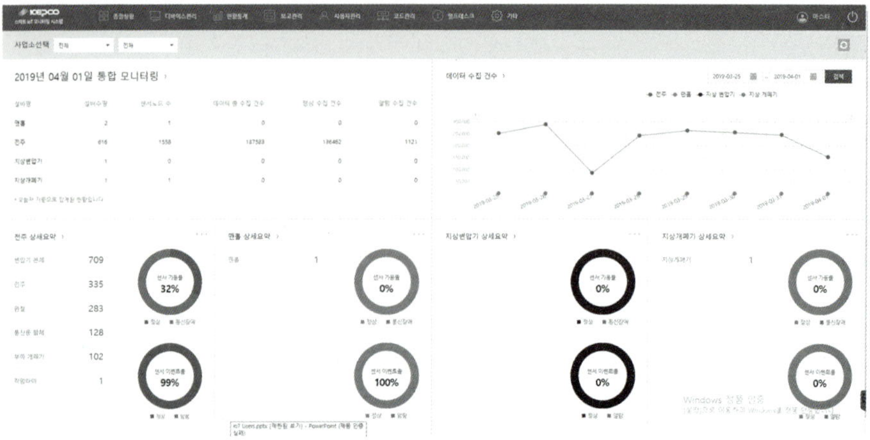

그림 7.18 전력 IoT 통합모니터링 대시보드

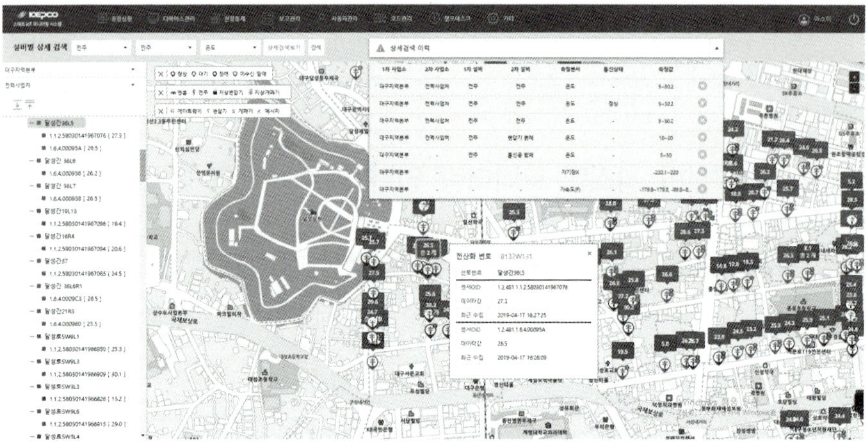

그림 7.19 전력 IoT 스마트센서 설치 현황 조회 화면

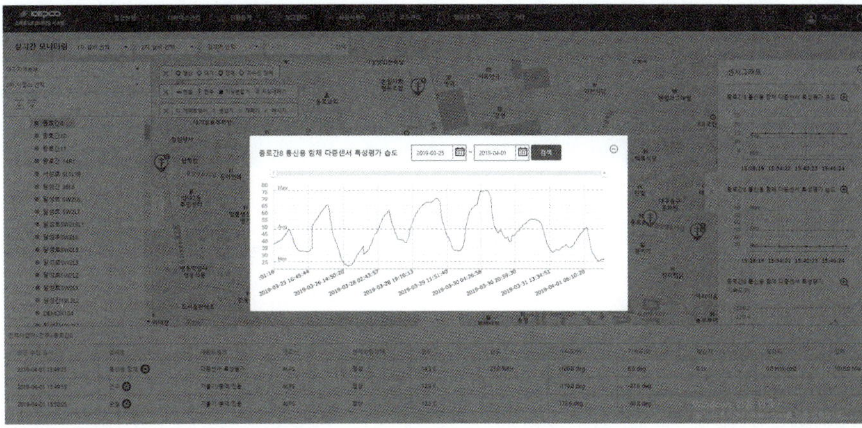

그림 7.20 스마트센서 데이터 조회 화면

04 전력 IoT 계측 데이터 분석

1 데이터 분석 접근 방안

전력 IoT 기반의 배전 설비 감시 시스템에 실시간으로 수집된 데이터를 분석하여 다양한 정보를 도출할 수 있다. 본 항에서는 전력 IoT에서 수집된 빅데이터 분석 전략을 도출하기 위하여 기본적인 데이터 분석 접근방법을 간략하게 소개한다.

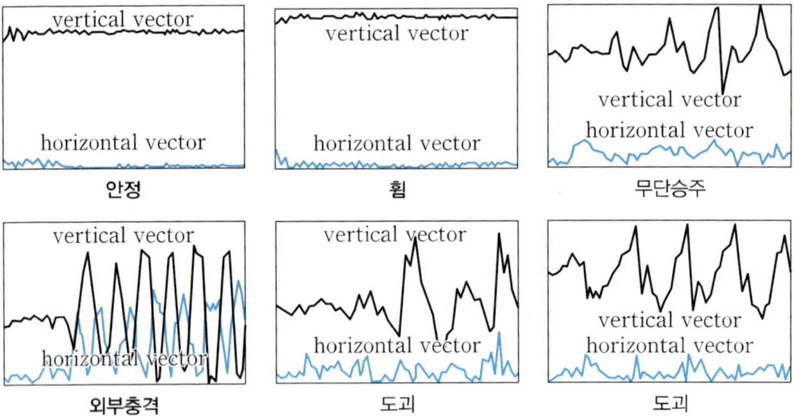

그림 7.21 전주 상태 센싱 데이터(가속도) 예시

스마트센서에서 취득한 가속도 데이터에 대한 데이터의 특성분석은 각 신호의 특성에 따라 안정(stable) 상태, 휨 상태, 무단승주(무단전주등반) 상태, 외부 충격 상태, 도괴 상태 등으로 분류되며, 상태에 따른 데이터 단위별 데이터 평균값을 적용한 데이터를 추출한다. 다음은 전력 IoT 시스템을 통한 계측 데이터를 적용하기 위한 분석사례를 설명한다.

표 7.5 분석적용 스마트센서 표본데이터

구역	설비	센서
전주1(금동간) 전주2(화문우간) 전주3(제봉좌간)	통신용 함체	온도, 습도, 가속도, 압력, 조도
전주4(달성간) 전주5(종로간) 전주6(서성로)	전주	온도, 가속도
전주1(금동간) 전주2(화문우간) 전주3(제봉좌간)	완금	온도, 가속도, 초음파
전주7(달성로) 전주8(제봉우간) 전주9(중앙간)	변압기 본체	온도, 가속도, 빛감지, 전류
전주4(달성간) 전주5(종로간) 전주6(서성로)	부하 개폐기	온도, 가속도, 초음파, 누설 전류

전주1(금동간) 구역 통신용 함체에서 계측되는 센서 데이터들에 대한 서로간 연관성 및 상관관계를 분석한다. 일반적으로 가속도 센서와 기온과 같은 환경적 요소는 특정 기후조건과 같은 이벤트성 조건이 발생하지 않는 경우 그 상관관계가 낮게 나오는 것을 알 수 있다.

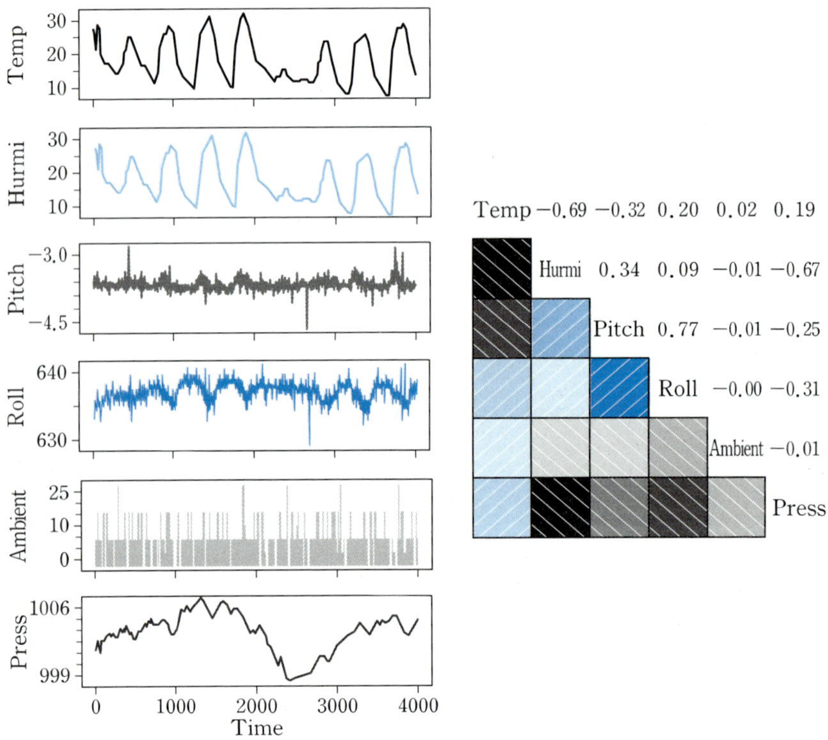

그림 7.22 시계열 기반 계측 신호 추정 및 상호 상관관계 분석

계측된 시계열 데이터의 분석을 위하여 ARIMA(AutoRegressive Intergrated Moving-Average) 모형을 적용하였다. ARIMA 모델링은 자기 회귀 모델, 즉 관측

값이 이후의 관측값에 영향을 주는 모델과 추세를 추정하는 이동 평균 모델을 합친 모델로서 과거의 계측값과 오차를 사용하여 현재 상태를 추정하는 모델이다. 따라서 시계열 데이터를 예측할 때 가장 널리 사용하는 접근 방식으로 단기예측력이 우수하다. 본 시스템을 통하여 시계열 계측 데이터에 추세, 계절성, Random-walk 요소 등을 반영하여 분석할 수 있다.

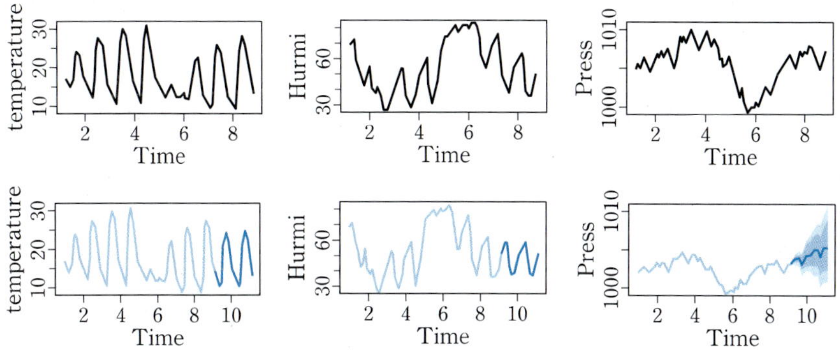

그림 7.23 온도(좌), 습도(중앙), 대기압(우)에 대한 측정 및 예측결과

다음은 스마트센서 전주2(화문우간) 구간에 대한 데이터 현황을 분석한 결과이다. 그림에서는 센서 노드의 온도, 습도, 가속도(Pitch, Roll), 조도, 대기압에 대한 계측 데이터 및 상관 관계도를 나타내고 있다. 가속도나 조도와 같이 변동성이 강한 계측값은 다른 계측값과 분리하여 분석하며 각각의 시계열 데이터의 패턴을 인식하기 위하여 은닉 마르코프 모형(HMM; Hidden Markov Model)을 적용하여 2가지 상태로 분류하였다. 은닉 마르코프 모형은 계측값의 변화를 확률 모델로 표현한 것으로서 시계열 데이터의 패턴을 인식하기 위하여 많이 쓰이는 방법이다.

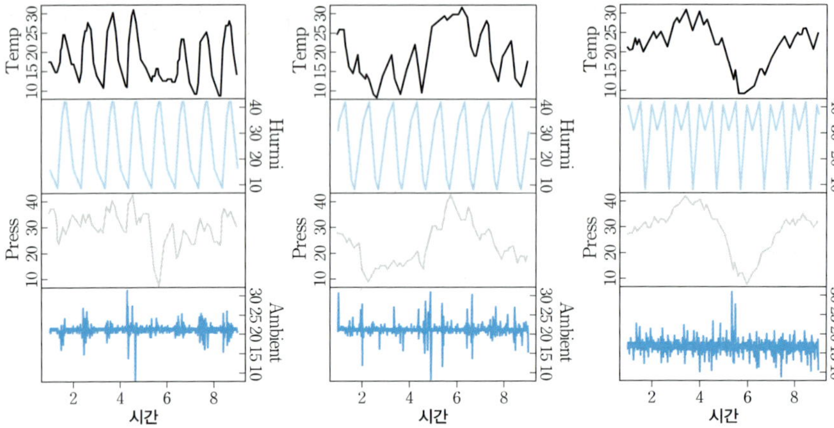

그림 7.24 온도(좌), 습도(중앙), 대기압(우)에 대한 특성분석

데이터에 대한 통계분석 및 예측모델을 적용하고 수집되는 데이터의 기본적인 특성을 분석하는 단계는 스마트센서 적용에 우선적으로 필요하며, 빅데이터 분석을 위한 개별변수 데이터 분석을 위해 다음과 같은 사항이 검토되어야 한다.

데이터 전처리 도구 확보

- 전력 IoT 시스템의 DB 구조, 데이터 속성 파악
- 빅데이터 분석 및 이상 데이터 처리를 위한 전처리 도구

데이터 마이닝 도구 확보

- 빅데이터 처리를 통해 의미 있는 정보 추출
- 정제된 데이터를 분석할 수 있는 통계분석, 학습 도구 확보

빅데이터 분석 전문가 양성

- 전력 IoT 특화된 데이터 분석 전문가 양성
- 응용 분야의 전문정보 확립(문제의 구조화와 해결 방향 정립)

빅데이터

- 지속적 축적
- 사계절, 선로상태별, 운전 상황별 분류된 데이터 확보
- 배전선로 운전 상태정보와 연계한 빅데이터 확보

2 IoT 스마트센서 데이터 분석

전력 IoT 전력설비 모니터링 시스템 내 스마트센서 계측 데이터를 분석하여 배전 선로를 구성하는 각 설비의 이상을 감지하는 사례를 소개하고자 한다. 현장에 설치 운영중인 스마트센서 표본데이터(6월 19일에서 9월 20일까지)에 대한 분석 결과를 예시로 나타낸다. 전력 IoT 데이터 프로토콜에 정의된 데이터 형태는 다음과 같다.

표 7.6 IoT 데이터 헤더 목록

"data_seq;	데이터 저장 순서	"battery";	배터리
"time_id";	시간	"period";	데이터 저장주기
"sensor_id";	센서 아이디	"current";	전류
"pole_id";	전주 아이디	"shock";	충격
"ri";	리소스 아이디	geomag_x";	자기장 x좌표
"pi";	상위 아이디	"geomag_y";	자기장 y좌표
"temp";	온도	"geomag_z";	자기장 z좌표
"humi";	습도	"var_x";	진동 x좌표
"pitch";	기울기 x	"var_y";	진동 y좌표
"roll";	기울기 y	"var_z";	진동 z좌표
"ambient";	조도	"usn";	초음파
"uv";	자외선	"ntc";	유온
"press";	압력	"uvc“	자외선C

기상 데이터 수집

전력 IoT에서 스마트센서 계측데이터는 설치 위치 및 그 위치에서의 기상조건과 밀접한 관계가 있으므로 기상데이터와 연계한 분석이 필요하다. 지상, 해양, 항공관측, 위상, 레이더, 수치예측모델 자료 등 여러 기상데이터를 조회하고, 필요한 기상요소와 지역, 시간에 따른 시계열 데이터를 수집하여 센서 데이터 분석에 사용할 필요가 있다. 스마트센서 데이터 분석에서는 시간 단위, 일 단위의 기온뿐만 아니라, 강수량, 풍속, 풍향, 일조, 일사 등과 같은 기상정보를 연계하여 자료의 형태(시간), 지점(지역), 기간, 요소(기후 요소)를 고려한 분석이 이루어진다.

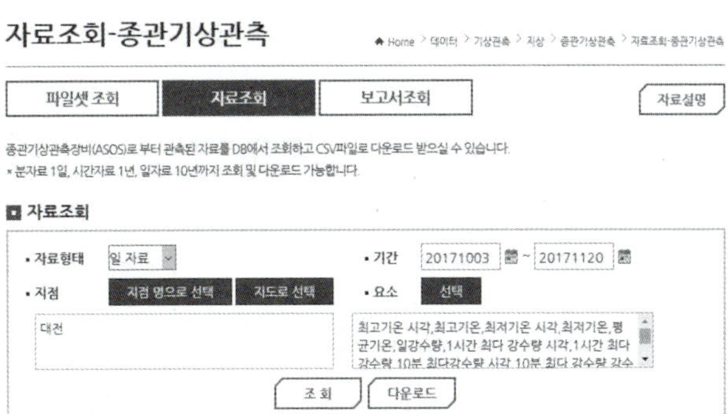

지점	시간	평균기온(°C)	최저기온(°C)	최저기온 시각(hhmi)	최고기온(°C)	최고기온 시각(hh
대전(133)	2017-10-03	18	14.6	701	22.9	1419
대전(133)	2017-10-04	17.5	11.8	603	23.3	1437
대전(133)	2017-10-05	18	15.5	415	21.3	1139
대전(133)	2017-10-06	16.9	15	437	18.6	1502
대전(133)	2017-10-07	19.9	16.9	639	24.8	1604
대전(133)	2017-10-08	20.8	16.5	524	27	1357
대전(133)	2017-10-09	21.6	17.6	323	26.1	1636

그림 7.25 기상데이터 조회

데이터 전처리

데이터 분석에 필요한 기상데이터를 수집한 다음 배전 전주별 항목으로 분류하고, 분석을 위한 데이터 전처리를 수행한다. 이를 위해 분석에 적용되는 항목을 선정하는 작업이 선행되어야 하며, 다음과 같은 항목이 분석을 위해 먼저 반영된다.

- pole_id, time_id, sensor_id, part_name, pitch, roll, temp, current, shock, battery, press, ambient, uv

SENSOR_ID	POLE_ID
1.2.481.1.6.4.0009C4	Test018
1.2.481.1.6.4.0009C4	Test018
1.2.481.1.6.4.0009C4	Test018
1.2.481.1.6.4.0009C4	Test018
1.2.481.1.6.4.0009C4	Test018
1.2.481.1.6.4.0009C4	Test018
1.2.481.1.6.4.0009C4	Test018
1.2.481.1.6.4.0009C4	Test018
1.2.481.1.6.4.0009C4	Test018
1.2.481.1.6.4.0009C4	Test018
1.2.481.1.6.4.0009C4	Test018
1.2.481.1.6.4.0009C4	Test018

SENSOR_ID	POLE_ID	PART_NAME
금동간23R1	9691F103	변압기 본체
금동간23R1	9691F103	통신용 함체
금동간23R1	9691F103	통신용 함체
금동간23R1	9691F103	변압기 본체
금동간23R1	9691F103	통신용 함체
금동간23R1	9691F103	변압기 본체
금동간23R1	9691F103	변압기 본체
금동간23R1	9691F103	변압기 본체
금동간23R1	9691F103	변압기 본체
금동간23R1	9691F103	전주
금동간23R1	9691F103	통신용 함체

그림 7.26 스마트센서 데이터 및 분석항목 예시

스마트센서의 시계열 데이터는 데이터 간의 계측 기간, 시간 간격을 일치시키는 데이터 전처리 과정이 필요하다. 수집 데이터 기간에 대해 A전주는 2020년 6월 19일에서 2020년 9월 20일, B전주는 2019년 4월 22일에서 2020년 5월 10일과 같이 전주에 따라 설치시기, 통신 상황 등에 따라 데이터

취득기간이 상이하게 된다. 이러한 이유로 인해 별도로 분리된 시간 간격을 같은 데이터간격으로 병합 하는 전처리가 필요하다. 또한, 스마트센서마다 계측 주기를 다르게 설정하여 운영할 수 있기 때문에 계측 데이터의 시각을 동기화 하는 것이 필요하다. 이러한 경우는 데이터 보간법이나, 데이터 시각동기(최대/평균) 작업으로 분석에 용이한 형태로 변환한다.

데이터 분석

데이터 분석에는 센서의 계측 특성과 센서가 부착된 대상 설비에 대한 전문지식이 필요하다. 관련 분야 전문가의 지식은 여러 측정값 사이의 상관성을 찾는 데 큰 도움이 된다. 또한, IoT 스마트센서는 형상, 개발 시기, 용도, 최초 계측 시기, 적용 표준 등에 따라 하드웨어, 소프트웨어적으로 다른 특징을 가지므로 통합 분석을 위해 이종의 스마트센서로부터 수집된 정보는 보정 과정이 필요할 수 있다.

그림 7.27 전주의 이상 상태 예시

전주, 변압기와 같은 대표적인 배전 설비에 부착한 스마트센서 계측 데이터에 대한 분석을 예시로 소개한다. 전주 표면에 직접 부착한 스마트센서는 기본적으로 온도, 습도 센서와 함께 가속도, 변위량을 측정하는 센서를 포함한다. 전주의 기울어짐, 외부 충격과 같은 물리적인 변화량을 감지하고, 일정 범위를 초과한 경우 즉시 알람을 전송한다. 여기서 변위 센서는 좌우 기울기(pitch)와 전주의 상하 기울기(roll)를 계측하여 전주의 물리적인 변화를 추정할 수 있다.

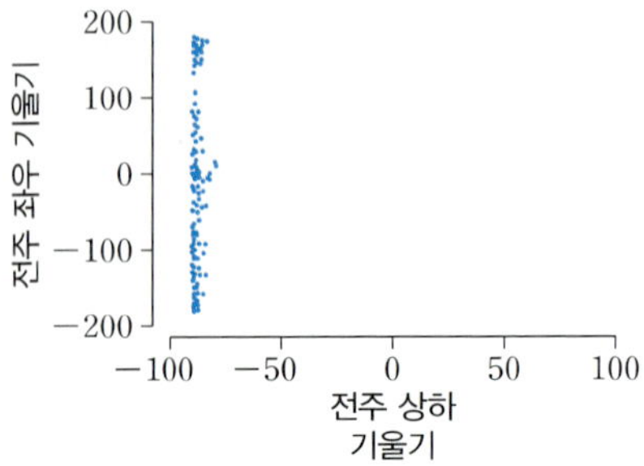

그림 7.28 전주 기울기 산점도

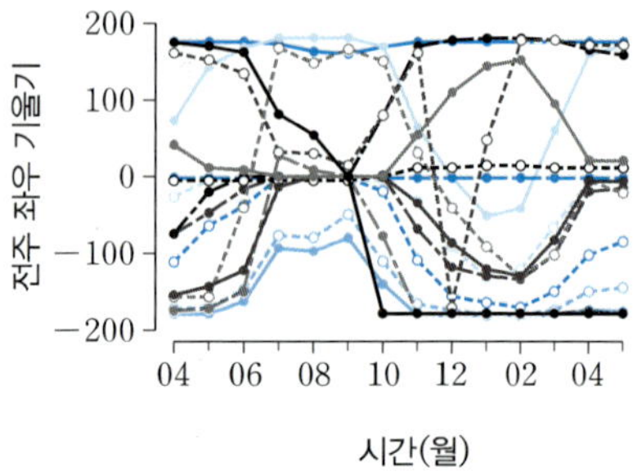

그림 7.29 시간에 따른 전주의 좌우 기울기

산점도만으로는 전주 기울기에 따른 물리적 변화를 관측하기 어려우므로 시간에 따라 변화되는 계측 데이터의 추적을 위하여 시계열에 따른 전주 좌우 기울기 값을 같이 활용한다. 이 경우 같은 시점에 대한 개별전주의 물리적 변동을 각각 감시할 수 있다. 전주의 좌우 기울기를 분석한 결과, 몇몇 전주에서 심한 움직임이 계측되는 것을 확인할 수 있다. 하지만 변화폭의 차이가 물리적 변동을 직접적으로 나타내는 것이라고 보기 어려우므로 전주의 기울기 좌우 변화량, 기울기 상하변화량과 같이 특성분석량을 도출하여 대상 전주를 탐색하는 시도를 할 수 있다.

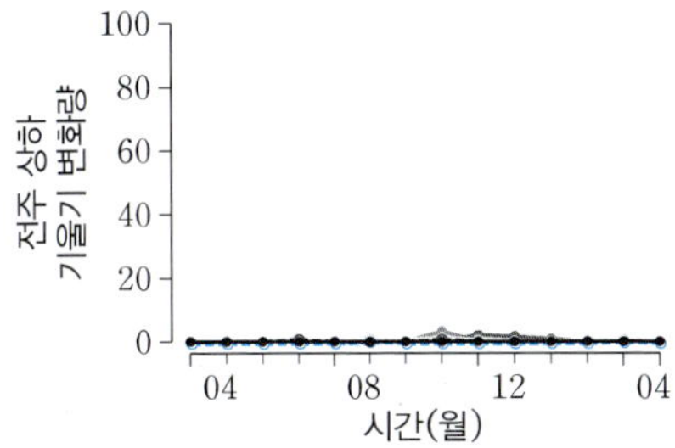

그림 7.30 시간에 따른 전주의 상하 기울기 변화량

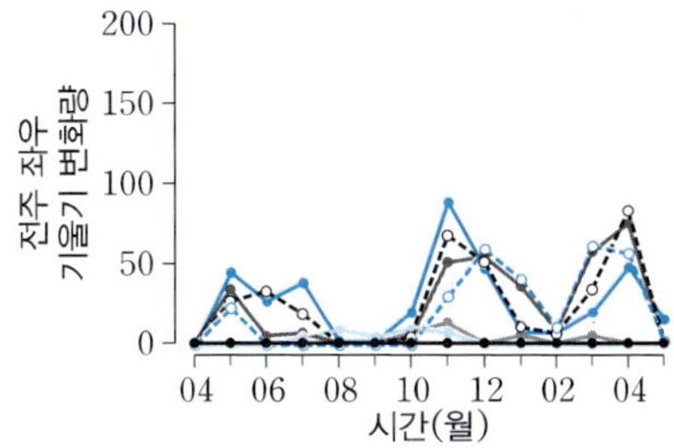

그림 7.31 시간에 따른 전주의 좌우 기울기 변화량

전주의 변화량 측정값은 전주가 위치한 장소, 전주 부착물 및 부착방법, 전선의 가선 형태, 주변 환경 등에 따라 다양한 영향을 받는다. 각 센서의 자세 및 환경 노이즈가 다르기 때문에 이들을 고려하여 분석한다. 전주를 기준으로 좌우 기울기는 여러 값을 가지고 있지만, 전주의 수직 상태를 나타내는 상하 기울기는 제한된 영역에서만 계측되는 것이 일반적이다.

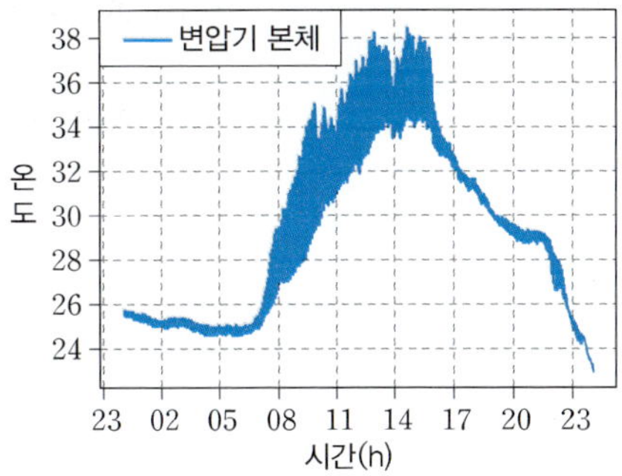

그림 7.32 변압기 센서의 온도 그래프

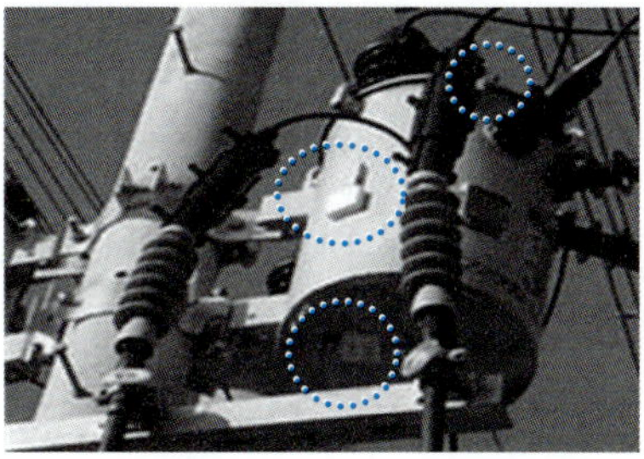

그림 7.33 변압기 센서 부착 위치

계측 데이터의 시간에 따른 변화 패턴을 분석하여 전주 좌우, 상하 기울기를 추정할 수 있으며, 다음으로 같은 시간 영역에서 개별 전주에 대한 물리적 변화를 감시하여 상태에 대한 예측이 가능하다. 실제 측정에서 일부 전주의 좌우 기울기가 다소 심하게 변하는 것이 계측되지만, 불량 전주와 상관성을 분석하는 시도가 필요하다. 또한 분석에는 확률적으로 전주의 기울기 변화량을 분석하여 기준 임계치로 사용할 수 있으며, 시각적으로 기울기 변화량을 패턴화하고 패턴에서 벗어난 정도로 상태를 판단할 수 있다.

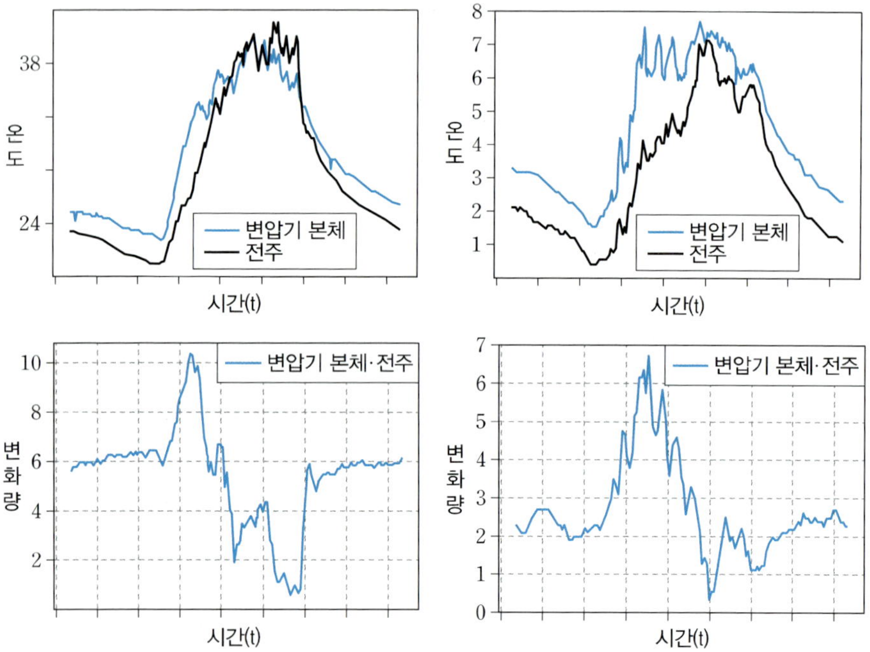

그림 7.34 임의선정된 전주의 변압기와 전주 센서 온도 차 예시

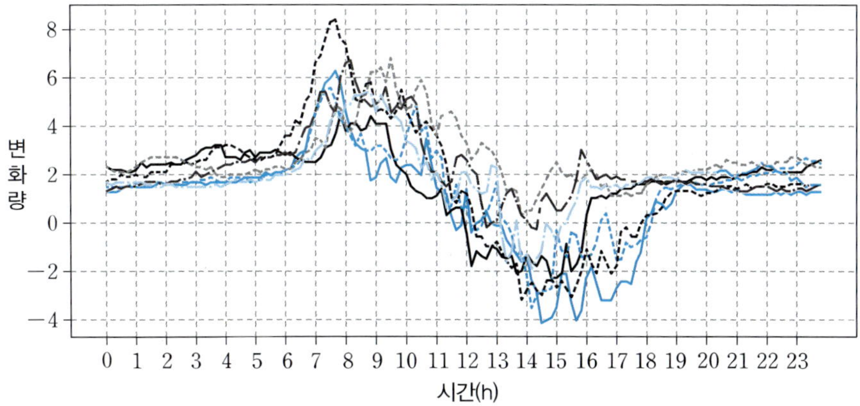

그림 7.35 변압기 센서와 전주 센서의 온도 차이 그래프

변압기에 대한 상태분석은 전주에 부착된 스마트센서의 온도를 기준으로 변압기 표면에 부착된 스마트 센서의 온도에 대한 상관관계 분석으로 변압기 상태를 추정할 수 있다. 변압기 온도 계측은 상부 절연유에 온도 센서를 직접 삽입하는 방식, 변압기 함체 외부에 센서를 부착하는 경우가 존재하며, 센서는 하부, 절연유 유면부, 상부 커버 등에 위치시키는 것이 상태 예측에 유리하다 할 수 있다. 운전중인 변압기는 센서 부착 위치에 따라 계측 온도가 다르므로 분석시 부착위치에 대한 고려가 필요하다.

변압기는 부하에 따라 절연유 온도가 다르게 나타나므로 변압기간 비교 또는 상태 추정을 위해서 대기 온도를 기준으로, 상대적인 온도 상승분을 고려한다. 대기 온도와 변압기 온도는 시간에 따라 변화하므로 패턴화하여 분석하는 것이 좋다. 여기서 변압기 온도는 절연유 온도로 나타나며 부하 변동이나, 대기온도 변화에 대해 응답 속도가 느리다는 것을 참조하여야 한다.

하루(0시~24시) 동안의 온도 변화 그래프에서 변압기 센서와 전주 센서의 온도 패턴 차이를 분석하거나, 특별한 시간대의 상관관계를 찾아볼 수 있다. 이를 위해 변압기 온도의 정상 패턴을 학습하고, 다른 형태의 패턴을 구분하는 분석작업 등이 이루어진다. 전주에 부착된 센서로부터 취득되는 온도는 주위 기온과 거의 유사한 패턴을 가진다. 따라서 변압기 본체 온도 계측값에 전주 센서 온도값 분을 빼면 변압기 부하 특성치를 취득할 수 있다.

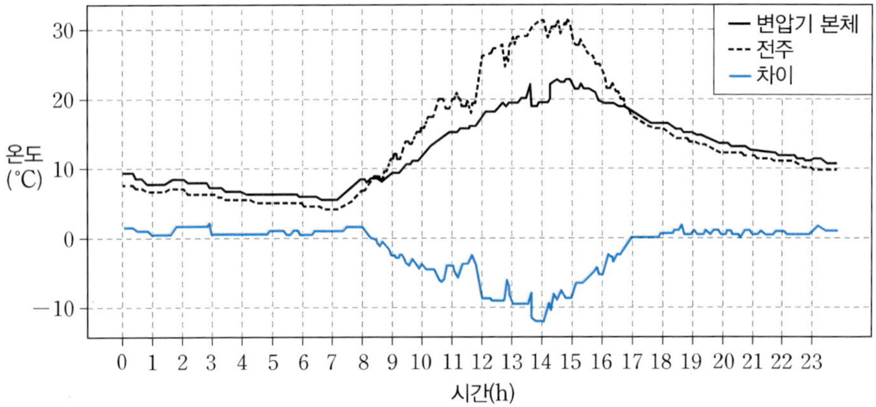

그림 7.36 변압기 본체 온도, 전주 온도, 두 값의 차이

온도 계측 데이터의 다른 분석방법으로는 비오는 날(9월 17일) 변압기 외함 부착 센서와 변압기 설치 전주를 포함한 인근 전주 7본에 부착한 센서 간의 온도차 분포분석을 예시로 든다. 확인되는 온도차는 약 3.5도 정도로 변압기 부하에 따른 온도차이는 크지 않다는 것을 알 수 있으며, 변압기 부하가 증가하는 시간대에 속하지만 비가 내리는 환경적 요인으로 인해 오후 3시부터 19시까지의 온도차는 상대적으로 작게 나타나게 된다. 따라서 센서 계측데이터의 분석에 있어서는 센서의 계측 특성, 설치 위치, 환경적 요인 등을 반영하여 분

석하여야 할 것이다.

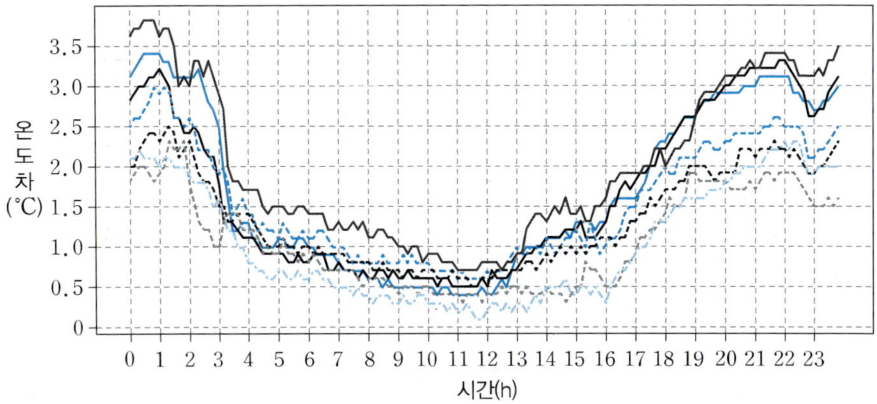

그림 7.37 비 오는 날의 변압기 본체와 전주의 온도 분석

다음으로 센서 구동용 배터리 용량정보에 대한 계절별 특성을 분석할 수 있다. 배터리에 대한 사전 정보가 없더라도 수집 데이터의 각 항목별 상관성 분석을 통하여 배터리의 특성을 파악하는 것이 가능하다. 센서 부착 위치, 온도, 습도, 기울기(피치, 롤), 배터리 용량, 충격, 데이터 전송주기 등의 수집 데이터로부터 상관 관계를 구하며, 대기 온도가 변화됨에 따라 배터리 용량 변화를 추정할 수 있다. 또한 기온이 낮아지면 배터리 용량도 저하되었다가 기온이 다시 높아지면 배터리의 용량도 복구되는 등의 기본적인 배터리의 동작특성을 추정하면 된다.

05

배전 분야 서비스의 A.I. 기계학습 적용

일반적인 기계학습은 데이터 수집, 특징 추출, 모델 선택, 학습 과정의 4가지 단계로 이루어진다. 안정적인 기계학습이 이루어지기 위해서는 수집되는 데이터의 신뢰도가 높아야 한다. 따라서 전력설비의 이상 신호검출을 위한 센서 및 처리기법이 매우 중요하다. 기계학습은 인공지능 기법의 일종이며, 딥러닝은 기계학습의 하위개념으로 일반적으로 정의한다. 즉, 개념의 범주를 비교하면 다음과 같다. 인공지능은 가장 대중적인 단어로 의미가 가장 포괄적이며, 특정 기술 분야를 지칭하는 것이 아니라 지능적인 요소가 포함된 기술을 총칭한다.

기계학습은 '데이터를 이용한 모델링 기법'이다. 데이터 분석을 통해 특정 시스템의 특성을 나타내는 수식이나 배열과 같은 모델을 만들어 낼 수도 있다. 반면에 다양한 문서, 음성, 이미지 등의 데이터로부터 최종 결과물인 모델을 사람이 아닌 기계가 스스로 만들어 낸다. 이때 모델링에 사용하는 데이터를 학습데이터(training data)라고 한다. 이때 기본 모델은 있고 학습데이터에 따른 특성을 나타내는 모델 변수들이 정의된다. 즉 공식이나 법칙으로 접근하기 어려운 경우 학습데이터를 이용해 모델을 구하는 것이 기계학습의 핵심 개념이다.

기계학습에서는 학습데이터의 일반화(generalization)와 과적합(overfitting) 문제를 해결하는 것이 중요하다. 학습데이터로부터 모델을 찾아내는 과정을 학습 과정, 실제 데이터를 입력해 결과를 얻는 과정을 추론(inference)이라고 한다. 학습과 추론의 데이터는 서로 다른 데이터이다. 학습데이터는 현장의 실제 데이터의 특성을 제대로 반영하는 것이 중요하며, 기계학습 기법을 사용할 때는 실제 데이터의 특성이 잘 반영되어 편향되지 않은 학습데이터를 확보하는 것이 중요하다. 학습데이터와 입력 데이터가 달라져도 성능 차이가 나지 않도록 하는 걸 일반화라고 한다. 기계학습에서 일반화 성능을 저하하는 주범 중의 하나가 과적합이다. 과적합의 경우 학습데이터에 대한 분류는 완벽하지만 실 계측 데이터에 관해서는 성능이 떨어진다.

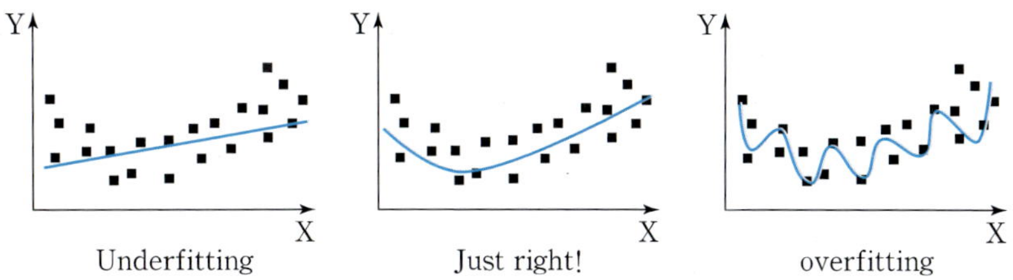

그림 7.38 기계학습의 과적합 문제

과적합 문제에 대응하는 기법이 정칙화(regularization)과 검증(validation)이다. 정칙화는 모델을 최대한 간단하게 만드는 수치 해석적 기법이다. 과적합 여부는 실제 문제에서는 입력 데이터의 차원이 높아 쉽게 판단할 수 없다. 학습 과정에서 과적합 여부를 판단하기 위해 고안된 기법이 검증이다. 검증 데이터를 사용해 성능 저하가 심하면 과적합으로 판단하고 모델을 수정, 보완하게 된다. 이때 학습데이터의 일부를 검증용 데이터로 사용하는 것이 일반 검증이며 검증용 데이터를 무작위로 바꿔서 사용하는 것을 교차 검증이라 한다.

기계학습 기법은 크게 세 종류로 나눌 수 있다. 지도학습, 비지도 학습, 강화학습이 있다. 지도학습은 학습데이터가 입력과 정답의 쌍으로 구성된다. 반면 비지도 학습은 입력만 있고 정답은 없다. 강화학습은 입력과 출력 그리고 출력에 대한 평가 점수의 쌍으로 학습데이터를 사용한다. 주로 제어나 게임 플레이 등 상호작용을 통해 최적의 동작을 학습할 때 사용된다. 지도학습이 비지도 학습과 강화학습보다 많이 사용된다.

지도학습(supervised learning)은 분류(classification)와 회귀(regression) 문제로 나뉜다. 분류 문제는 입력 데이터가 어느 범주에 속하는지를 알아내는 문제이다. 회귀 문제는 어떤 값을 예측하는 문제이다.

비지도 학습(unsupervised learning)의 대표적인 응용 분야 중 군집화(clustering)는 데이터의 특성을 분석해 관련 있는 데이터들끼리 묶어주는 기능이다. 밀도 추정(density estimation), 분류별(class) 데이터를 만들어 냈을 것으로 추정되는 확률분포를 찾고 그에 따라 차원축소(dimensionality reduction)하여 데이터를 분류한다.

강화학습(reinforcement learning)은 출력에 대한 정확한 정보를 제공하지는 않지만, 평가정보(reward)는 주어지는 문제에 대해 각 상태에서의 행동(action)을 결정, 학습 알고리즘이 환경(environment)과 상호작용을 통해 보상(reward)이 최대가 되도록 주어진 상태(state)에서 취할 수 있는 적합한 행동을 찾는 것, 시행착오(trial and error)적인 방법으로 적합한 행동을 탐색한다. 보상은 어떤 행동을 해야 하는지 알려주는 것이 아니라 행동에 관한 결과의 평가치로 주어진다.

인공신경망은 단순 산술 계산을 넘어 스스로 평가하고 판단할 수 있도록 하는 모델을 만들기 위하여 인간의 뇌를 모방한 것을 말한다. 이것이 작동하는 방식은 크게 두 가지로 나뉜다. 외부의 입력에 의한 모델의 특정 부분 활성화 및 각 뉴런들의 값 전달 방식이다. 인공신경망은 사람의 두뇌를 모델로 하여 여러 정보를 처리하는 데 두뇌와 비슷한 방식으로 처리하기 위한 알고리즘이다. 인간은 뇌의 신경세포(neuron) 연결 관계를 달리하면서 정보를 저장한다. 입력되는 자극에 따라 뉴런의 네트워크가 변경된다. 이러한 뉴런을 노드로 하고 신경세포들의 연결과 관계를 연결 가중치로 하여 나타낸다.

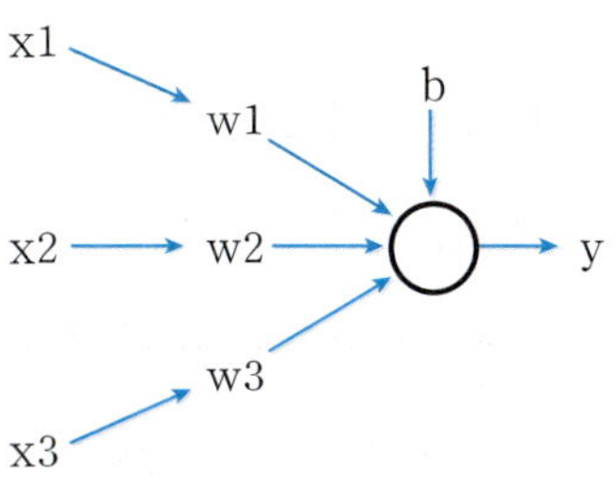

그림 7.39 뉴런에 대한 가중치 합

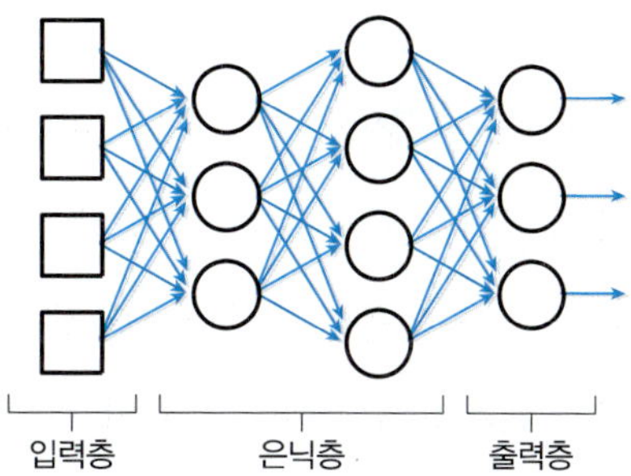

그림 7.40 신경망의 계층

인공신경망을 나타내는 그림에서 원은 노드를 의미하고 화살표는 신호의 흐름을 나타낸다. 각 입력 신호(x1, x2, x3)에 대하여 각 가중치(w1, w2, w3)가 각각 계산되며, 편향 값(b)과 합하여 출력 값이 결정된다. 편향 값은 가중치와 함께 신경망 정보를 저장하는 데 관여하는 변수이다. 입력값은 가중치가 곱해지고 노드에 전달되고 노드에서는 이 값들을 모두 더한다. 신경망 내 입력층과 출력층 사이에 있는 노드들을 은닉층이라고 하며, 이 은닉층이 2개 이상인 신경망을 심층 신경망이라고 한다.

신경망의 대표적인 학습규칙은 델타규칙이다. 델타규칙은 어떤 입력 노드가 출력 노드의 오차에 기여했다면 두 노드의 연결 가중치는 해당 입력 노드의 출력과 출력 노드의 오차에 비례해 조절하는 것이다.

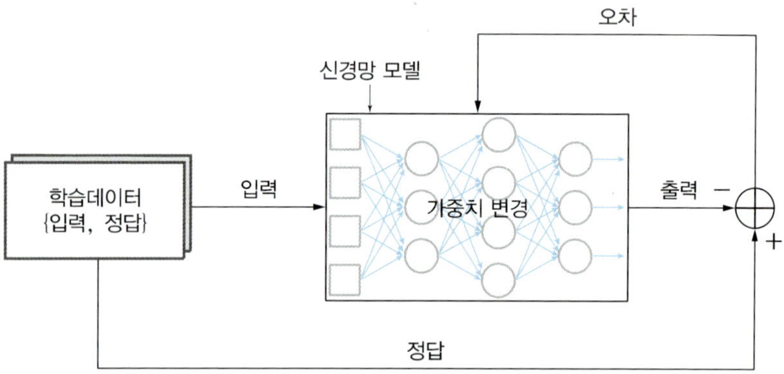

그림 7.41 신경망의 학습규칙

신경망의 지도학습 개념도는 위 그림과 같다. 이때 시그모이드 혹은 소프트맥스와 같은 활성 함수에 따라 델타규칙을 유도해서 사용한다. 가중치의 갱신하는 방식에는 대표적으로 Stochastic 경사 하강법(SGD; Stochastic gradient descent), 배치, 미니배치 방식이 있다. SGD는 한 개의 학습데이터마다 매번 가중치를 갱신한다. 배치 방식은 학습데이터 전체에 대하여 평균 가중치 갱신 값으로 갱신한다. 미니배치는 전체 학습데이터 중 임의 개수의 데이터를 골라 배치 방식으로 학습시키는 방식이다. 이때 학습데이터 전체를 학습시킨 횟수를 epoch라 한다.

1 부분 방전(PD) 이상 신호 기계학습 패턴인식

전력 설비에서 발생하는 대표적인 이상 신호는 부분 방전(PD)이다. 부분방전 검출센서에서 취득한 방전 신호를 BPN(Back Propagation Neural Network) 방법으로 분석한 결과를 예시로 소개하고자 한다. 우선 부분 방전 신호를 신경 회로망의 입력으로 사용하기 위해 PRPD(Phase Resolved Partial Discharge) 기법을 이용하여 신호를 전처리한다. 학습에 있어서는 주요 결함 원인(보이드, 코로나 등)에 따른 PD 신호를 PRPD 기법으로 1초 단위로 처리한 패턴을 학습하게 된다.

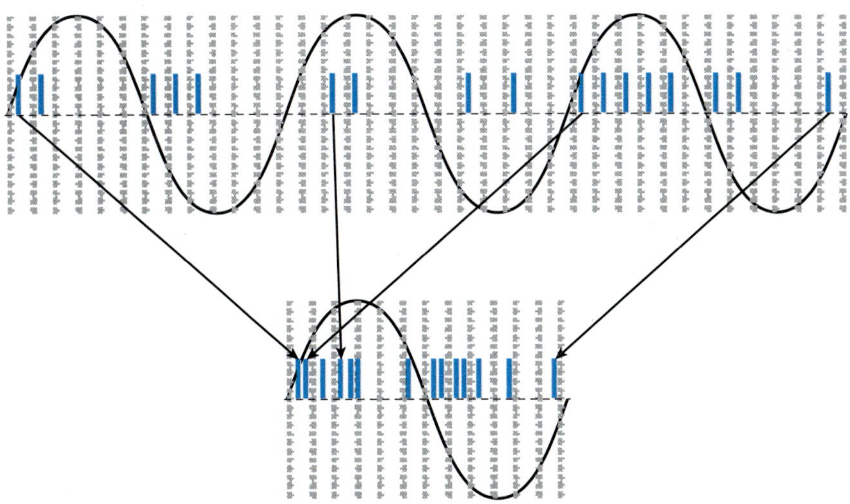

그림 7.42 PRPD 기법을 이용한 부분 방전 신호의 신호처리기법: (위) PD 신호, (아래) PRPD 기법을 이용한 신호처리결과

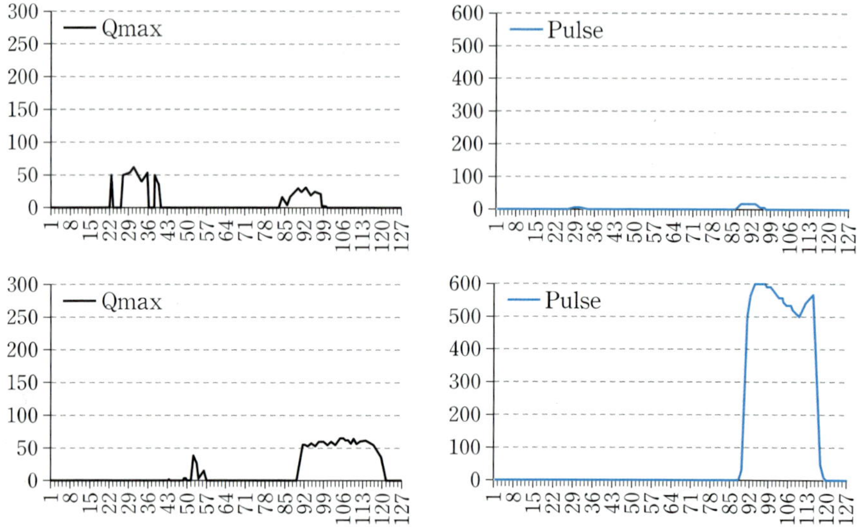

그림 7.43 결함 원인이 보이드인 PD 신호의 패턴

결함 원인에 따른 계측 패턴 분석에는 BPN이 적용된 학습이 진행되었다. BPN 네트워크에서 x는 입력층, w는 입력층과 은닉층 사이의 연결 강도, v는 은닉층과 출력층 사이의 연결 강도, y는 출력층, d는 목표값을 나타낸다. BPN의 학습 순서도를 구성하고 결함 원인에 따라 학습시켜 모델을 만들고, 이를 기반으로 입력된 PD 신호를 인식하고 처리한다.

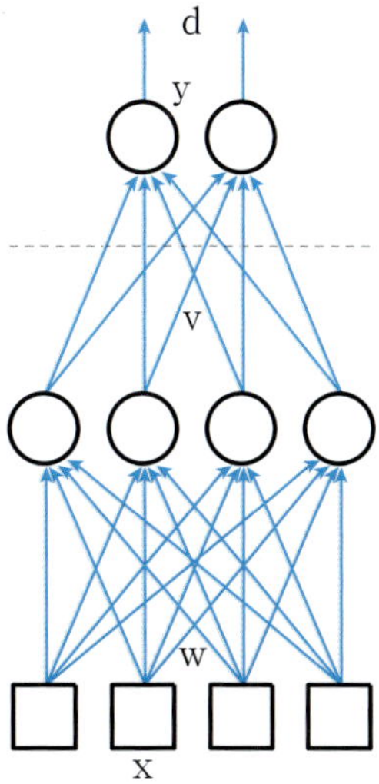

그림 7.44 BPN의 구조

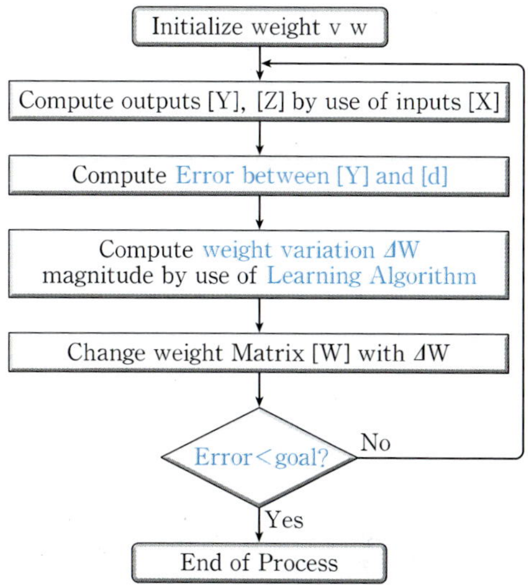

그림 7.45 BPN의 학습 순서도

BPN의 학습 순서도를 구성하여 결함 원인에 따라 학습된 모델을 활용한다. 이를 기반으로 입력된 PD 신호를 인식하고 처리한다.

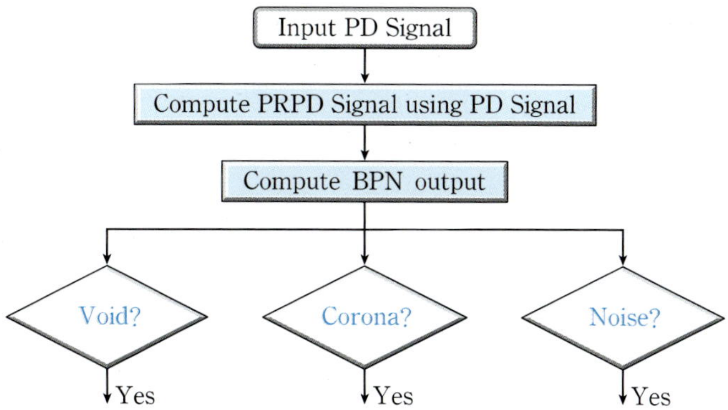

그림 7.46 BPN의 학습 후 PD 신호 분석 알고리즘의 순서도

PD 측정 센서로부터 취득한 부분 방전 신호를 처리하는 소프트웨어는 PD 측정 센서로부터 받은 부분 방전 신호 패턴을 가시적으로 보여주고 패턴인식 결과를 출력하기 위해 적용된다. 주요기능으로 패턴인식에 사용한 BPN의 구조 및 학습, 테스트, 학습결과 등을 저장 관리하는 기능을 수행한다.

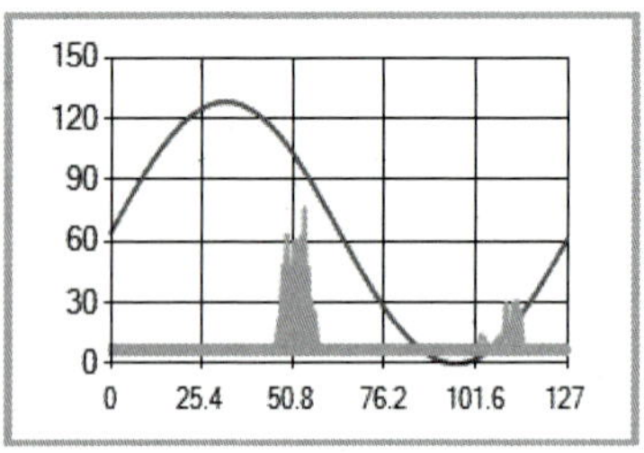

그림 7.47 PD 신호 및 분석 결과 예(센서 1)

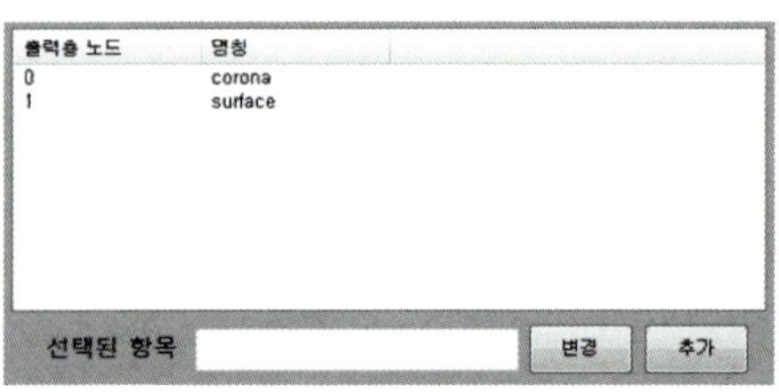

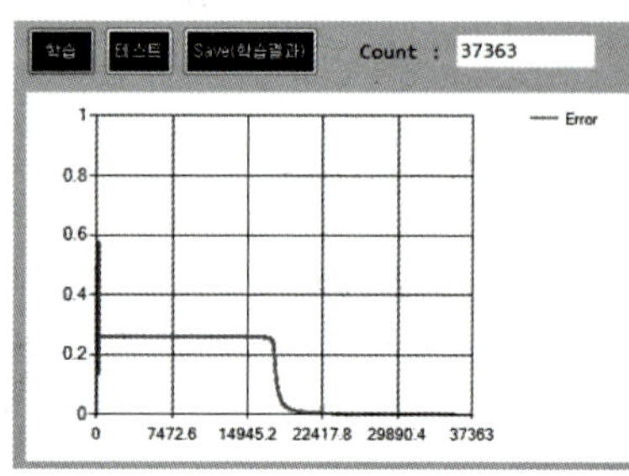

그림 7.48 패턴 프로그램

패턴인식은 신경 회로망 BPN의 구조, 출력 노드의 이름, 학습, 테스트, 학습결과 저장을 통한 신경 회로망의 구조 및 입력 노드의 수, 은닉층의 노드 수, 출력층의 노드 수, 학습률, 모멘텀, 임계값, 최대 학습 횟수 등을 설정하여 동작이 수행된다. 신경 회로망 학습에 필요한 보이드, 코로나, 이물질(particle),

정상 노이즈 등 결함 종류별 학습데이터를 정의한다. 각 결함별로 크기 및 심각도에 따라 높은 것과 낮은 것으로 분류하여 학습한다. 그리고 검증을 위한 패턴은 학습패턴과 유사하지만, 차이가 있는 패턴들로 구성하여 신경 회로망 모델의 성능을 검증한다.

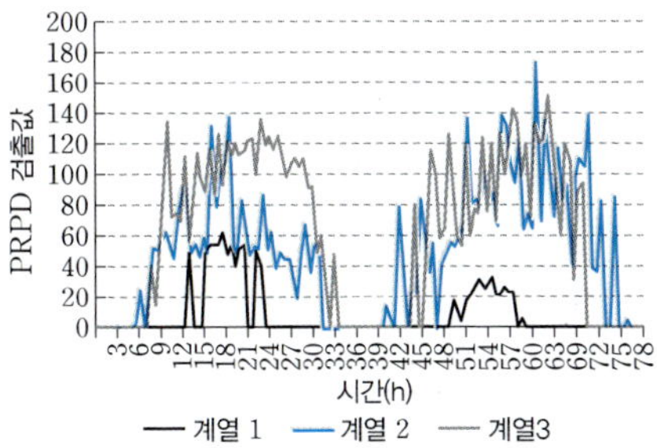

그림 7.49 보이드 PD의 PRPD 파형

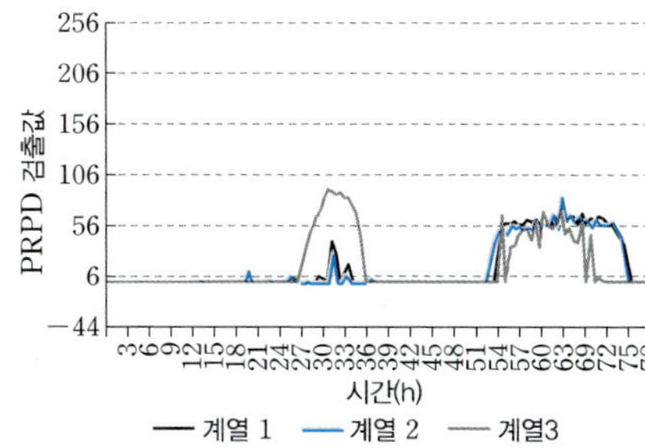

그림 7.50 코로나 PD의 PRPD 파형

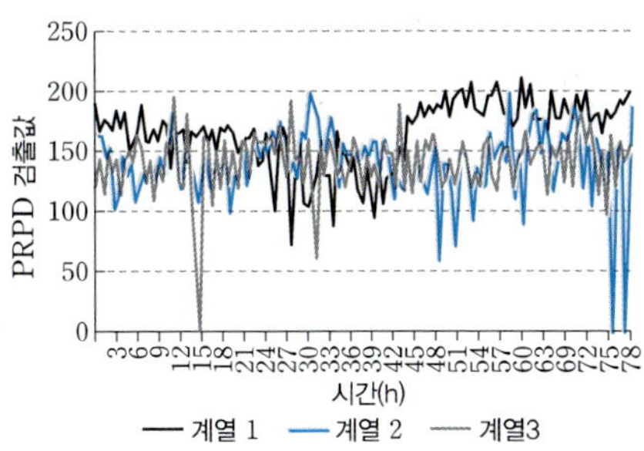

그림 7.51 파티클 PD의 PRPD 파형

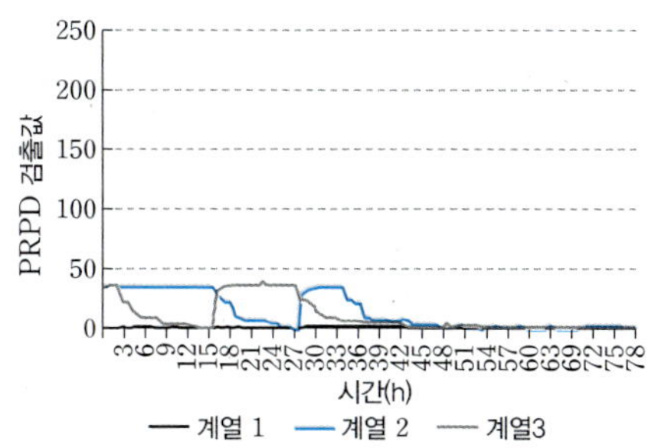

그림 7.52 정상(Noise)에 대한 PRPD 파형

학습에 사용한 신경 회로망 구조에 따른 BPN이 적용된 결과예시를 보면 에러 수치 이내에서 검출되는 계측값에 대한 테스트 결과를 확인할 수 있다. 검출되는 4가지 유형에 대한 검출값을 보여주고 있으며, 첫째항 보이드 유형의 경우 다른 세가지 유형대비 파형유형값이 높은 특징을 보인다.

본 사례에서 소개된 계측기술의 적용분석에서는 적용한 센서장치에서 수신된 실제 PD 신호를 신경 회로망을 통해 패턴 분석된 결과를 나타내었으며, 그 패턴검출 예시를 나타내었다. 예시에서는 PD의 발생원인이 코로나일 경우 패턴 분석 결과와 PD의 발생원인이 보이드일 경우 패턴 분석 결과를 나타낸다.

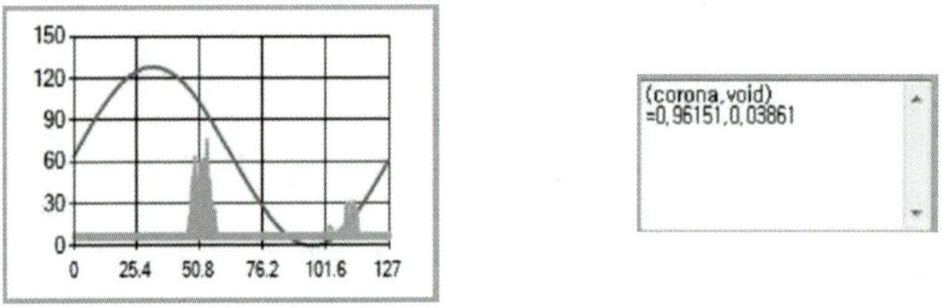

그림 7.53 PD 패턴 분석 결과(corona)

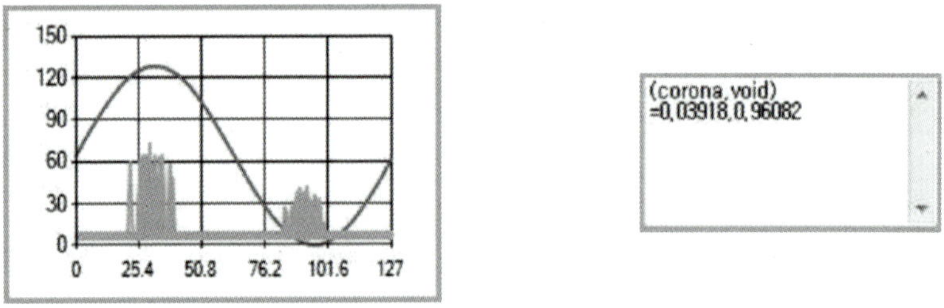

그림 7.54 패턴 분석 결과(void)

신경 회로망의 구조를 변경함에 따라 학습 속도 및 학습횟수를 분석하고 이를 통해 최적의 신경 회로망 구조를 도출할 수 있다. 패턴 분석 및 분류 속도는 은닉층의 뉴런의 수에 따라 연산 속도가 결정된다. 최적의 신경 회로망 구조를 얻기 위해서는 입력층과 출력층의 뉴런 수를 최소화하는 것이 가장 좋은 방법이다. 향후 이를 PD 검출 스마트센서에 적용하면 최소의 신경망 구조로 PD를 검출할 수 있을 것이다.

2 배전 선로 전력 파형 데이터 분석방법

배전 선로 주요 취득데이터인 배전 선로 상태정보시스템(PQMS)에서는 선로에서 발생하는 고장, 전력품질 이상을 중심으로 하는 이벤트에 대하여 전압과 전류의 파형을 저장한다. 이렇게 다수의 배전 설비에서 다년간의 수집된 데이터를 분석하는 방법과 분류적 접근을 통한 배전 선로 상태 분석 방법을 소개하고자 한다.

전력선로 이상 탐지 및 군집분류

기본적인 데이터의 분류는 통계적 방법을 기반으로 추출하여 분석하며, 여기서는 PQMS의 이벤트 파형 데이터를 적용하는 접근방법을 소개한다. 기계학습 방법을 적용하여 PQMS 이상 파형 재분류를 통한 이상 탐지방법을 제안하며, 이상 파형으로 탐지되는 PQMS 데이터의 유형을 구분하여 정의하기 위한 군집분류를 수행하는 결과를 나타낸다. 데이터의 이상 탐지방법은 PQMS 파형 데이터를 전처리하여 이상 탐지에 적합하도록 변환하는 방법과 정상과 이상 파형을 분류하는 분류방법이 있다.

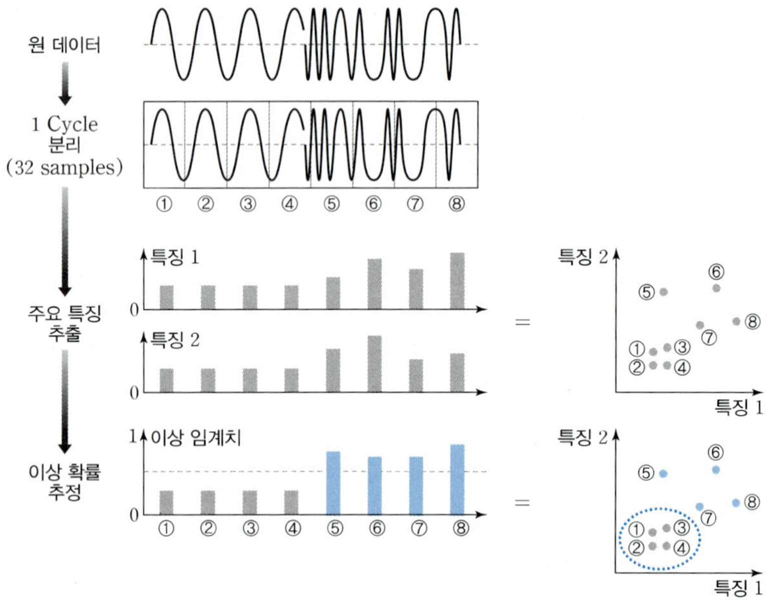

그림 7.55 이상 탐지 과정 예시

우선 기존 데이터의 이상 군집을 분류하는 방법이다. 군집분류는 고장발생과 같은 계측장치에서 취득된 이벤트 데이터 파형으로 분류된 데이터들의 유형을 구분하기 위하여 수행되며, 전체 군집분류의 절차를 살펴보면 그림과 같은 과정으로 나타낼 수 있다.

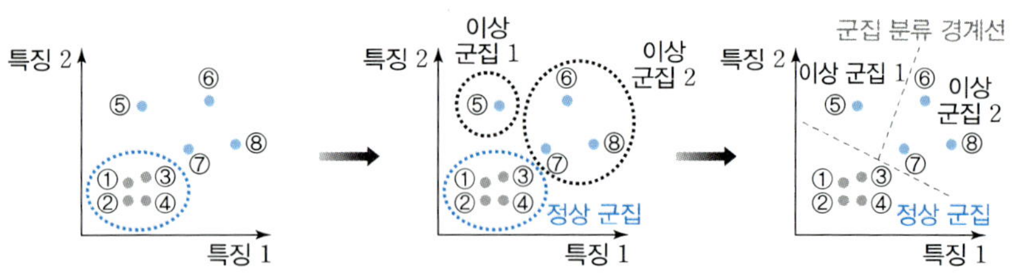

그림 7.56 이상 군집분류 과정 예시

시계열 데이터 처리 기반의 군집 간 상관성 분석 및 이상 상태 분류

시계열 기반 이상 상태 분류는 데이터의 이상 탐지 및 이상 군집분류에 따라서 시계열에 따른 군집패턴의 변화가 반복적으로 발생하는 것을 기계학습으로 찾아내고 이상 파형의 형태를 추정하는 방법이다.

이상 군집 간의 상관성 분석이 선행되는데, 시계열에 따른 연관성 분석을 수행을 통하여 군집 간의 상관성 또는 연관성이 발견되는 경우, 이를 기계학습으로 검출할 수 있도록 하는 모델을 적용하는 것이다. 시계열에 따른 이상 군집은 고장 간의 상관관계를 나타내기도 하는데 이때, 고장 예지(추론)로 확장할 수 있다. 따라서 측정된 배전 선로 파형에 고장데이터가 존재하는 경우, 이를 이벤트화하고 상관관계로 도출해 내는 모델의 적용도 함께 고려되어야 한다.

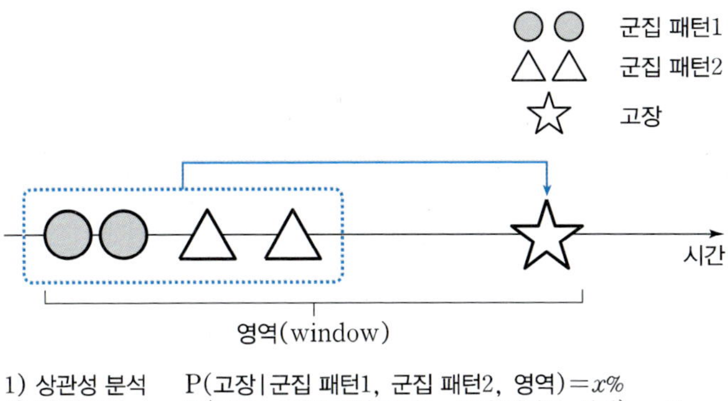

1) 상관성 분석 P(고장 | 군집 패턴1, 군집 패턴2, 영역) = x%
2) 고장 예지 P(고장, 시간 | 군집 패턴1, 군집 패턴2, 시간) = y%

그림 7.57 시간성 이상 군집과 고장 간의 상관성 분석 및 예지 과정

배전 선로 고장 예지를 위한 파형 데이터 분석

배전 선로 파형 분석에는 계측 데이터 처리를 통한 데이터 전처리 단계가 필수적이다. 다음은 전력 파형 계측 데이터에 대한 전처리 방법과 그 절차에 따른 신호처리기술을 소개한다. 전력 파형 데이터에 대한 전처리는 다음과 같은 3가지 방법이 적용할 수 있다. 첫 번째 주파수 특성을 이용한 전처리로는 웨이블릿 분해(Wavelet Decomposition)가 있으며, 이는 센서 측정값 중 잡음을 제거하기 위한 용도로 사용된다. 웨이블릿 분해를 통하여 원 데이터는 잡음(Noise) 데이터와 잡음 제거 후 데이터로 나뉘게 되며, 이 중 잡음 제거 후 데이터를 추가 분석에 사용한다. 또한, 원 데이터에서 잡음이 제거되더라도 원 데이터의 주요 이상 패턴은 사라지지 않음으로 데이터의 특징을 찾아내는데 적정하게 적용할 수 있다. 웨이블릿 분해의 주요 파라미터로는 분해 수준(Level)이 있는데, 이는 신

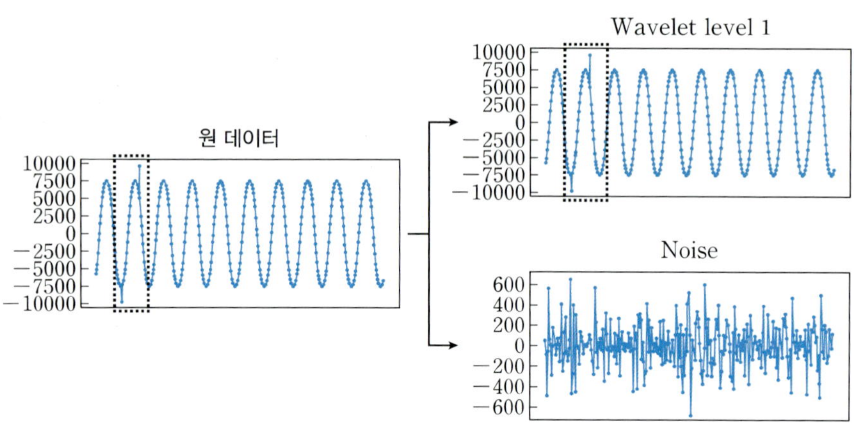

그림 7.58 웨이블릿 분해를 이용한 노이즈 제거

호 대비 잡음 비율(Signal to Noise Ratio; SNR)을 기준으로 선택하는 것이 일반적이며, 그림에서는 웨이블릿 분해가 적용된 예시를 나타내고 있다.

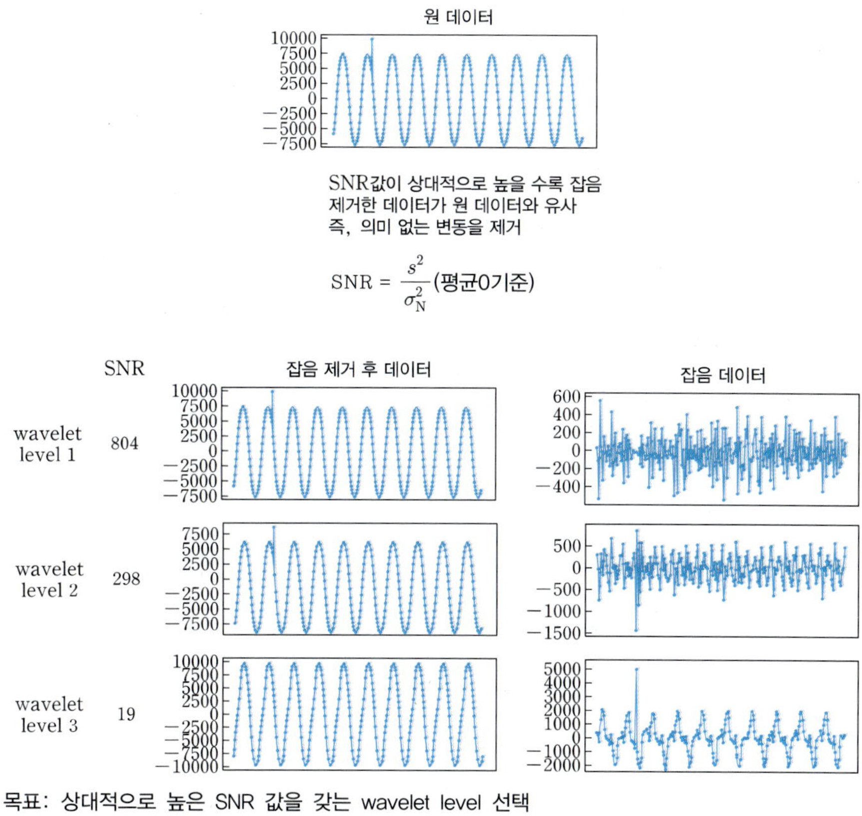

그림 7.59 신호 대비 잡음 비율을 통한 분해 수준 선택

두 번째 전처리로는 푸리에 분해를 통해 주파수를 기준으로 원 데이터에서 잡음이 제거된 데이터와 같이 주요 패턴과 부분 패턴으로 분해하는 것이다. 푸리에 분해 과정을 통해 분해된 주요 패턴은 전역적으로 파형이 뒤틀리는 것

을 탐지하는 데 사용되며, 부분 패턴은 국소적으로 파형의 값이 튀는 것을 탐지하는 데 사용된다. 푸리에 분해 과정의 주요 파라미터로는 주기 파라미터가 존재하는데, 웨이블릿 분해에서 사용한 SNR을 기준으로 주기 파라미터를 결정한다.

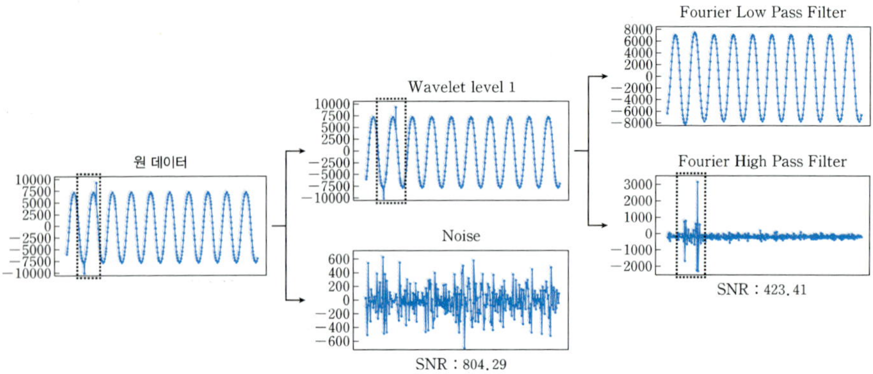

그림 7.60 신호 대비 잡음 비율을 통한 분해 수준 선택 과정

세 번째 전처리로는 EEMD(Ensemble Empirical Mode Decomposition) 방법이 있으며, EEMD 방법은 원 시계열 데이터를 여러 시계열 데이터로 분해하는 방법으로 적용된다. EEMD 방법을 통해 추출된 시계열 데이터의 특징을 1가지 값으로 표현하기 위하여 샘플 엔트로피(Sample Entropy) 방법을 사용한다. 샘플 엔트로피 방법은 시계열 데이터의 주기성이 얼마나 반복되는지를 나타내는 데 사용되며, 샘플 엔트로피 방법의 값이 높은 경우 주기성이 강하여 이상 파형일 가능성이 작고, 값이 낮은 경우에는 이상 데이터로 가능성이 크다고 판단한다. 따라서 EEMD 방법과 샘플 엔트로피의 방법을 결합한 이상 패턴분류방법을 실제 PQMS 파형 데이터에 적용할 수 있다.

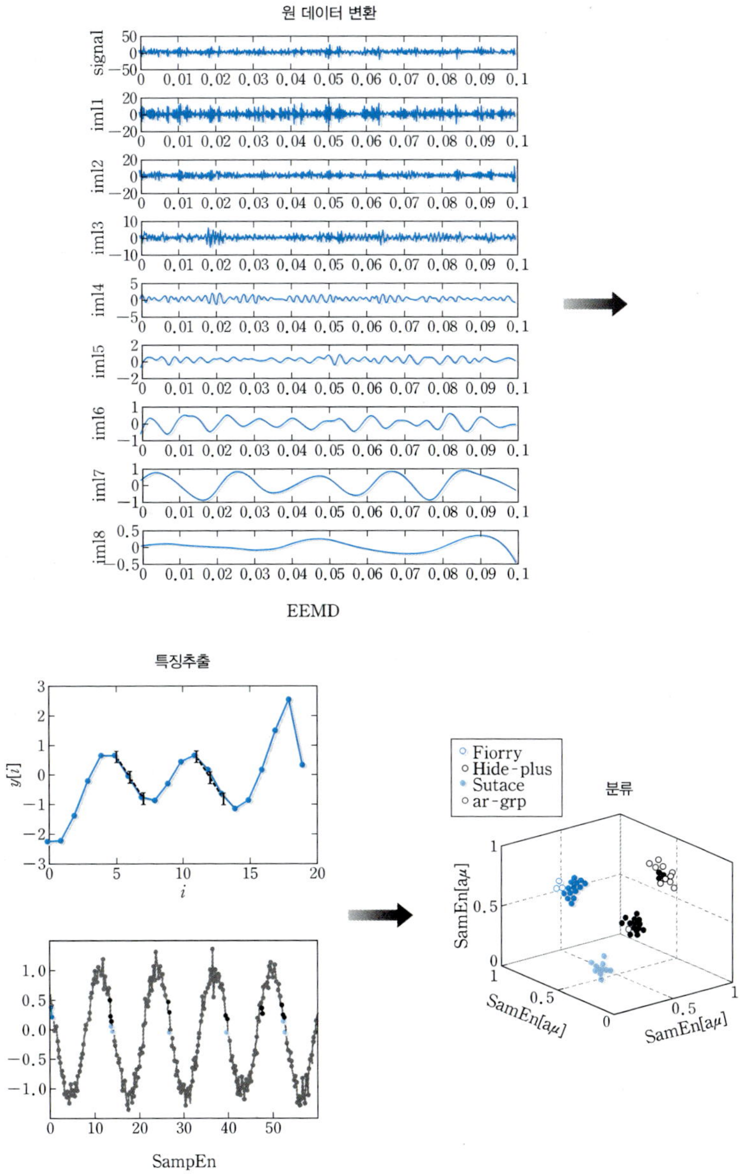

그림 7.61 EEMD 알고리즘을 통한 변수 추출 예시

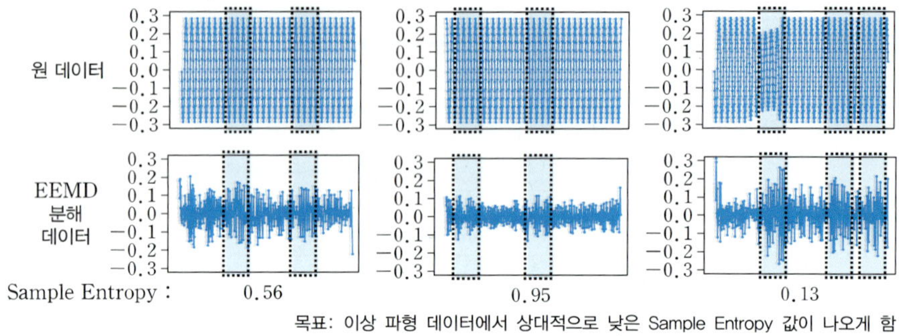

그림 7.62 EEMD 알고리즘을 통한 데이터 분해

전력 파형 데이터의 이상 탐지를 위하여는 GMM(Gaussian Mixture Model)을 사용할 수 있다. GMM 방법은 데이터가 정상이 아닐 확률을 계산하는 방법으로, 이상 탐지 실험 시에는 앞서 언급한 웨이블릿 분해, 푸리에 분해, EEMD 방법이외에 전류와 전압 각각의 RMS 값을 사용한다. 그림에서는 GMM 방법을 사용한 이상 탐지 결과 예시를 나타내며, 미세한 파형의 변형을 탐지하여 정상이 아닐 확률을 가지는 형태로 적용될 수 있다.

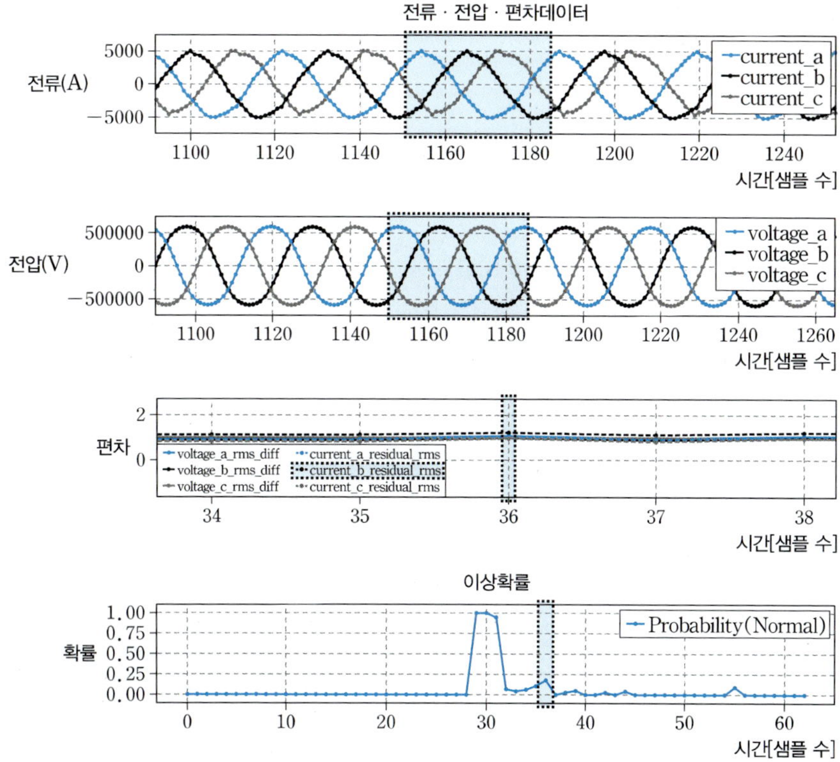

그림 7.63 GMM 방법을 사용한 이상 탐지 결과 예시

또한, 파형 데이터에 대한 이상 군집분류를 적용할 수 있다. 이상군집을 분류하기 위해서는 데이터에 대한 이상 레이블(Label)이 부여된 데이터가 필요하며, 분석에는 고장, 전력 왜란 등에 대한 이벤트값을 활용하게 된다. 전력 파형 데이터의 이상 군집분류 및 분석에는 웨이블릿 분해와 푸리에 분해를 이용하여 데이터를 전처리한 후, 전처리 후 데이터의 주요 통계량을 계산하여 데이터의 특성을 표현하는 변수들을 생성한다. 주요 통계량 변수에 대한 데이

터가 추출된 후에는 데이터의 비선형적 특성을 고려하기 위하여 군집 분석을 조합하여 활용할 수 있다.

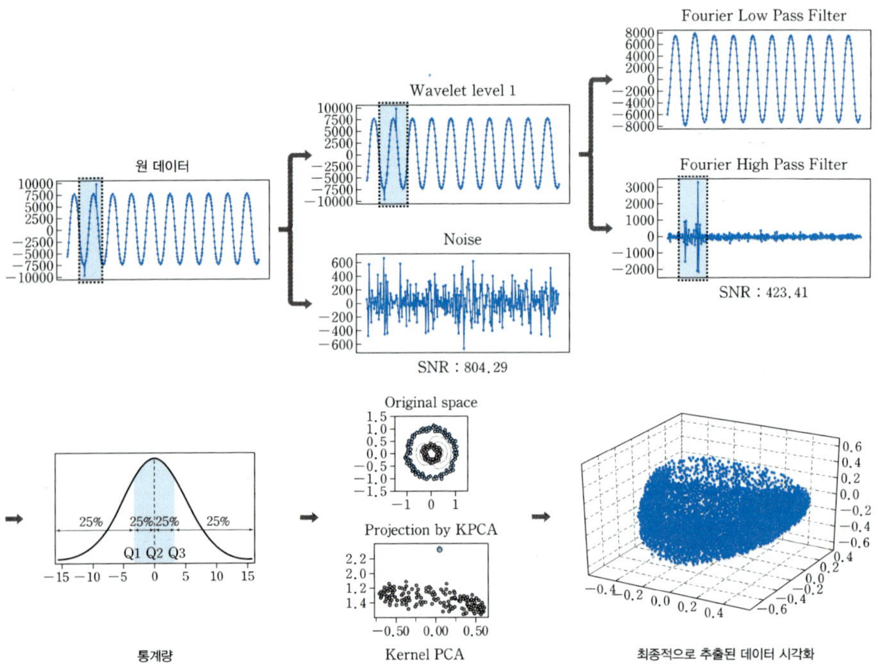

그림 7.64 군집 분석을 위한 데이터 추출 과정

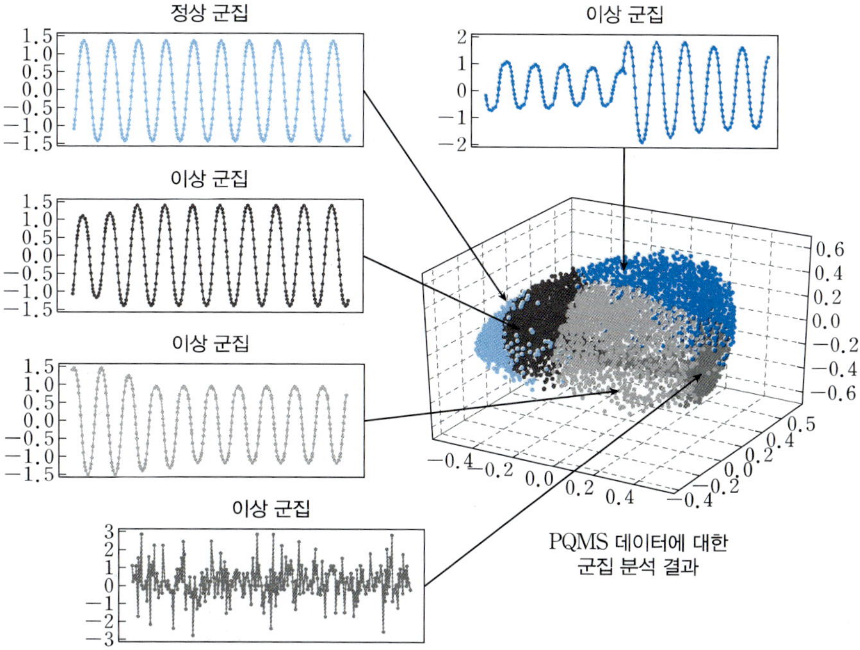

그림 7.65 유형별 군집 분석 수행 결과

3 기계학습 적용 계측 데이터 전처리 기술 적용사례

전력회사는 전력 수요에 따른 설비 투자 효율성 증대, 분산자원이 추가된 상황에서 배전망 전력 운영 안정화를 위한 계측데이터 예측(전력 사용량, 부하 예측) 연구를 진행하고 있다. 또한 배전 선로 예측기술 적용 위해서는 기존의 배전 선로 감시・운영에서 취득되는 데이터의 분석이 선행되어야 한다. 배전 선로 계측 데이터 중 부하전류 계측값을 주요 데이터로 적용하게 되며, 현장의 적용된 실데이터 적용하기 위해서는 데이터 품질(Quality)과 관련한 다음의 사항들이 검토가 필요하다. 첫째로, 현실적으로 발생할 수 없는 데이터가 존재하는 경우로 비정상(Abnormal)·이상(Outlier)의 경우가 있으며, 둘째로 필요한 데이터가 통신 또는 시스템의 원인 등으로 인해 존재하지 않는 경우 등이 있을 수 있다. 마지막으로 데이터의 절체(Transfer), 추세(Trend)의 변화를 고려할 필요가 있다. 데이터 품질은 데이터 학습과 그 성능에 큰 영향을 미치게 되므로 예측 성능을 높이기 위한 데이터 전처리 과정은 필수적이다.

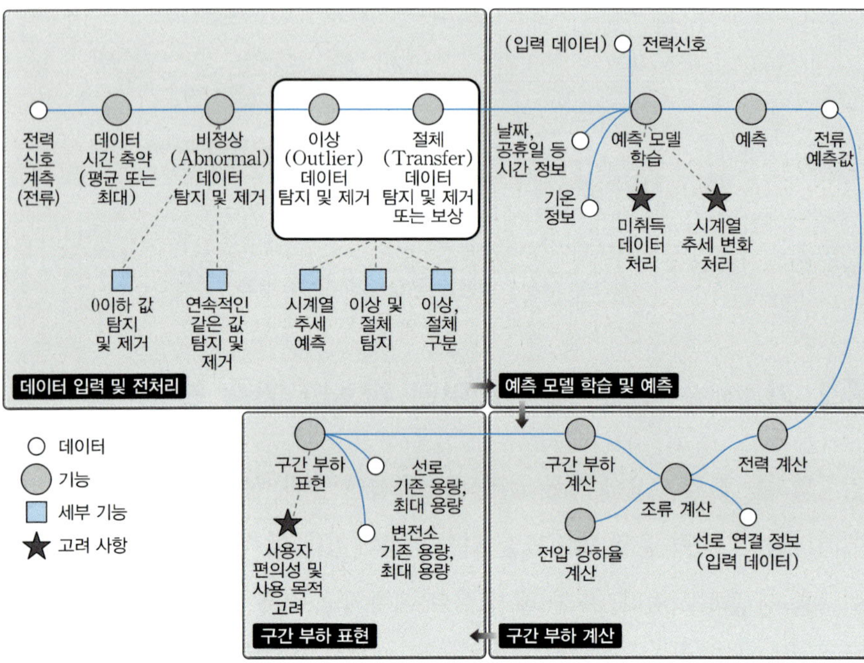

그림 7.66 전력신호 예측 알고리즘 적용 절차

비정상 데이터 탐지 및 제거방법

비정상 데이터란 계측 데이터에 대한 오류 중 한 가지 형태에 해당하며, 부하 전류의 경우 정상적인 운영환경에서는 양수만 측정되어야 하는 조건이 있다. 따라서 0 이하의 음수 값이 발생하는 경우는 대표적인 계측오류, 측정 또는 시스템 오류로 판단하며, 같은 값이 계속하여 반복되는 경우도 비정상 취득데이터 패턴으로 분류하게 된다. 두 가지 유형의 한 비정상 데이터에 대한 각각의 예시는 아래와 같다.

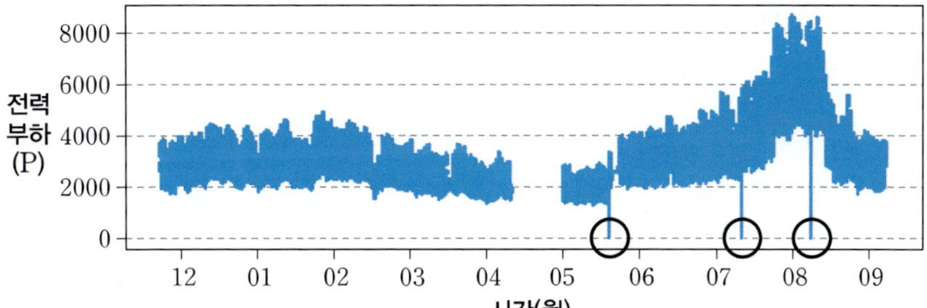

그림 7.67 비정상 데이터 예시(0 이하 값)

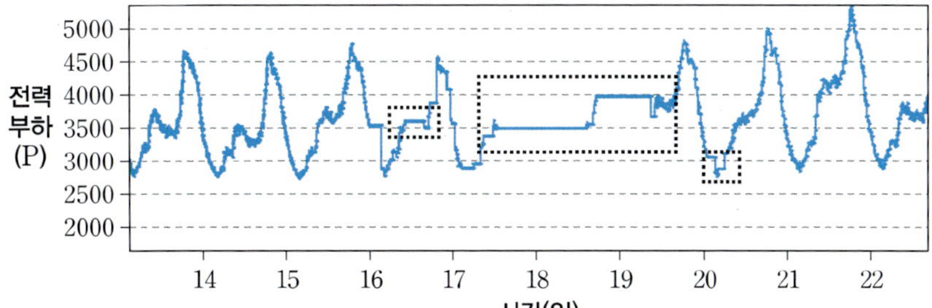

그림 7.68 비정상 데이터 예시(같은 값 반복)

이상에 대한 비정상 데이터 탐지방법은 비정상 데이터의 정의를 기준으로 시행한다. 즉, 음수의 값이 발생하거나 동일 데이터의 반복적인 계측값이 취득되는 경우의 데이터를 탐지하도록 Null 값으로 제거하는 등의 조치를 하게 된다.

이상 및 부하 절체 데이터 탐지 및 이상 데이터 제거방법

이상 데이터는 측정 센서 오류 또는 통신 및 시스템의 오동작 등이 주요 원인으로 발생한다. 이러한 이상 데이터를 원천적으로 방지하는 것이 어려우므로 데이터 활용 전에 전처리를 적용하게 되며, 관측치의 값이 다른 데이터의 패턴과 매우 다르다는 특징을 기준으로 적용하게 된다. 이러한 특징적용에는 지속시간을 함께 고려하게 된다. 예를 들어 부하 기준에서 2시간 이하로 다른 패턴이 지속하면 부하 패턴 이상 데이터, 2시간을 초과하는 경우 부하 절체 등의 변동데이터로 구분하도록 하며, 실 동작 데이터를 확인하지 못하는 경우의 데이터의 추세를 기준으로 상태를 판단할 수 있는 지표를 제시할 수 있다. 이러

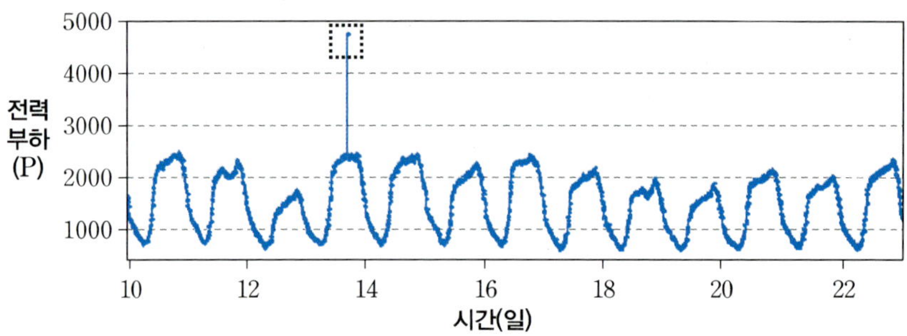

그림 7.69 이상 데이터 예시

한 데이터 추세는 운영환경, 데이터의 유형 및 특징에 따라 매우 가변적이며 설정 방법 또한 광범위 하므로 해당 영역은 실데이터 관리자가 직접 특징을 확인하는 등의 분석적 측면의 접근이 필요한 부분이다.

그림 7.70 변동데이터 예시

이상 데이터 및 변동데이터의 검출방법

이상 데이터 및 변동데이터는 기존의 일반적인 계측 데이터와 다른 특징과 형태를 보인다. 이러한 이상 데이터를 일반적인 패턴과 구분하기 위한 탐지 알고리즘으로 Prophet 알고리즘을 적용한 사례를 소개한다. Prophet 알고리즘은 공휴일, 이상치 등을 고려하여 예측을 진행하는 특징을 가진다. 실제 데이터에서 Prophet 예측값을 이상 통계량으로 사용하고, 이를 기반으로 이상 통계량 값의 임계치를 설정하여 이상 및 절체 여부를 추정한다. 임계치는 부트스트랩 이상 탐지 기법을 통하여 데이터의 분포를 모르는 상태에서 모집단의 분위 수를 계산할 수 있으며, 오류데이터 탐지율이 최대가 되는 임계치를 사용자가 선택하여 이상 데이터의 분류를 결정한다.

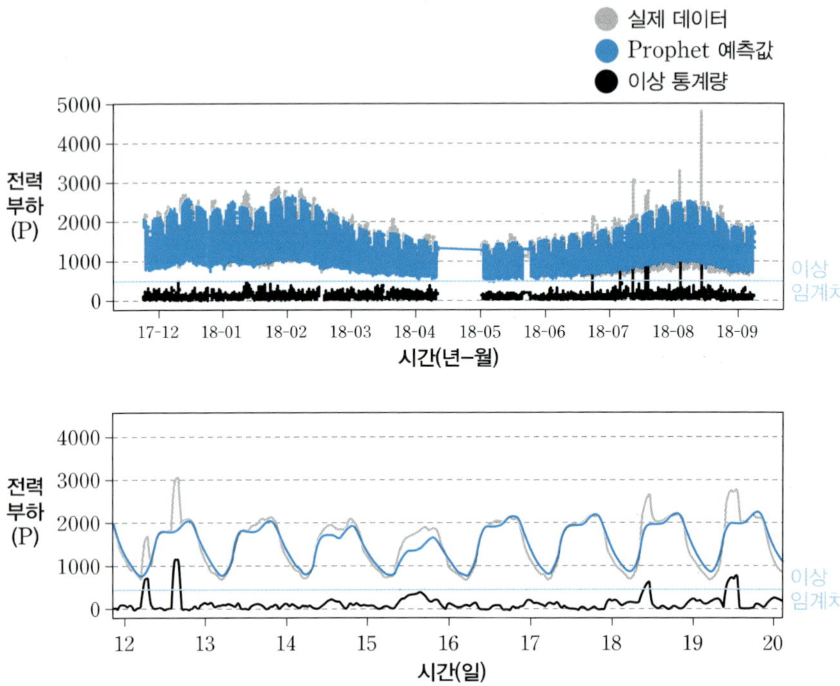

그림 7.71 이상 및 절체 탐지 예시

미취득 데이터 기반 기계학습 모델 학습 및 예측 모듈 개발

미취득 데이터 생성이란 배전 선로의 현장에 설치된 취득하는 계측 데이터의 센서 통신 이상 등으로 발생되는 데이터 누락을 보정하는 부분이다. 기계학습 모델을 적용하는 경우 미취득 데이터가 없다는 가정이 적용되기 때문에 기계학습 성능저하의 원인이 된다. 따라서 기계학습 모델에는 시계열 데이터의 미취득 기간에 대한 데이터를 생성하거나 삭제하는 형태로 알고리즘이 적용된다.

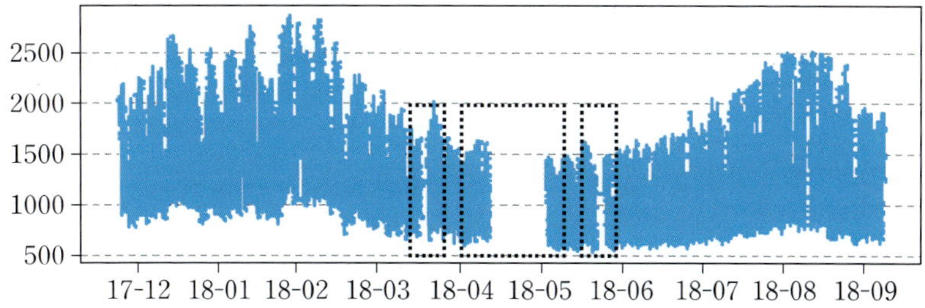

그림 7.72 미취득 데이터 예시

기존 미취득 데이터 생성 방법은 일반적으로 데이터 간의 평균값과 같은 데이터 변동에 가장 적은 영향을 미치는 값 등을 적용하게 되나, 배전계측 시계열 데이터를 생성하는 경우는 다음과 같은 방법으로 미취득 데이터 처리 및 추정이 적용된다. 첫째로 전 시간 또는 후 시간에 대한 일간, 주간의 동일 시각 데이터를 적용하는 방법으로, 대조되는 데이터의 평균값을 적용하여 미취득 데이터값을 추정하는 방법이다. 이 방법은 일별 또는 주별 주기성이 존재한다는 가정이 있을 때 간단하면서도 값을 비교적 정확하게 추정하는 방법이지만, 주기성이 일별 또는 주별이 아니거나 복잡한 형태의 주기성이 존재할 경우 실제 값과 유사하지 못하거나 예측정확도나 낮아질 우려가 있다. 다음으로 전·후 동일 시각의 평균값을 통해 미취득 기간의 데이터 값 추정이 필요한 경우이다. 그림 7.77에서 확인할 수 있는 것과 같이 예측값(청색)과 실제 값(흑색)에 차이가 존재하는 것을 알 수 있으며, 이는 일별 주기성이 존재하지 않는 경우가 있음을 나타낸다.

$$P_{d,t}\frac{P_{d-1,t}+P_{d+1,t}}{2},\ \text{where t}\in Time,\ d\in Day$$

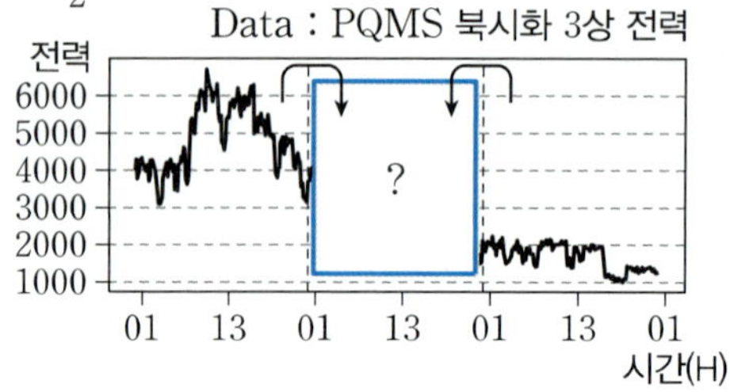

그림 7.73 미취득 시계열 데이터 : 전후 데이터 활용 개념

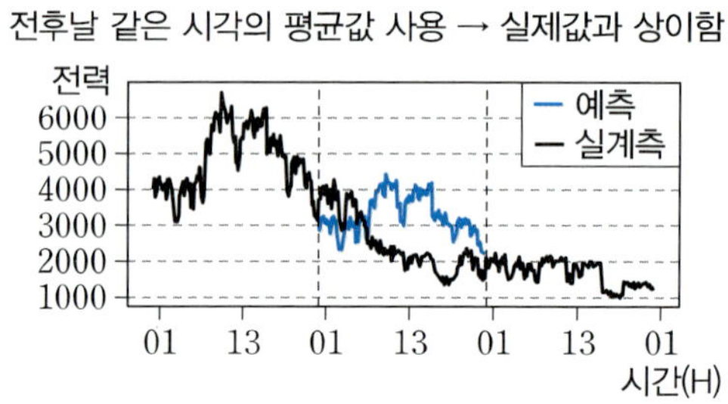

그림 7.74 미취득 데이터 예측 : 전후 평균값 적용

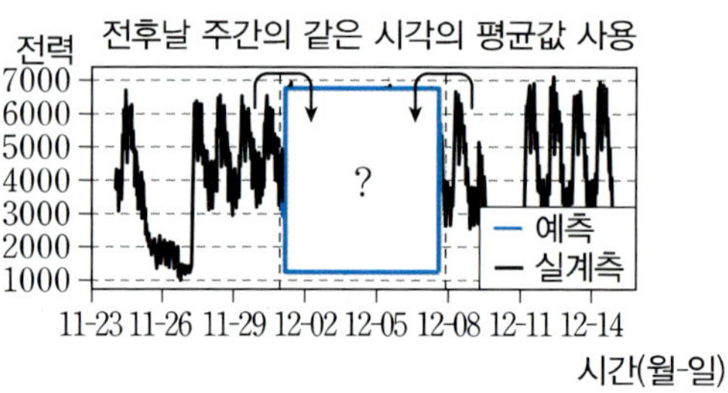

그림 7.75 미취득 시계열 데이터 : 전후 주간 데이터 적용 개념

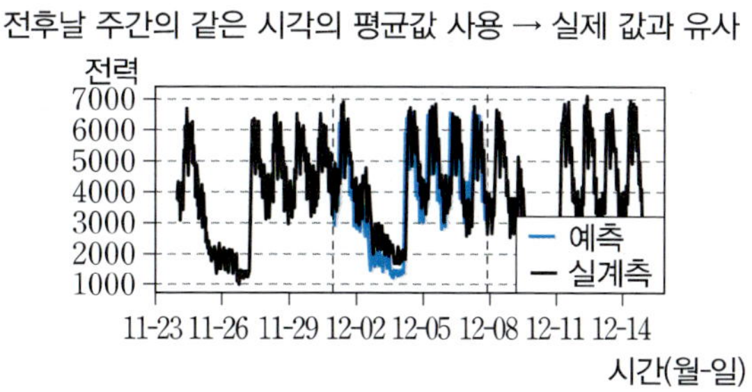

그림 7.76 미취득 데이터 예측 : 전후 주간 평균값 적용

대부분 실제 값과 유사한 값을 추정할 수 있지만, 주간별 주기성이 존재하지 않으면 실제 값과 예측값의 오차가 발생한다. 따라서 주간별 주기성이 존재하지 않을 때는 전후 주간별 평균값보다 높은 정확도 확보가 필요하다.

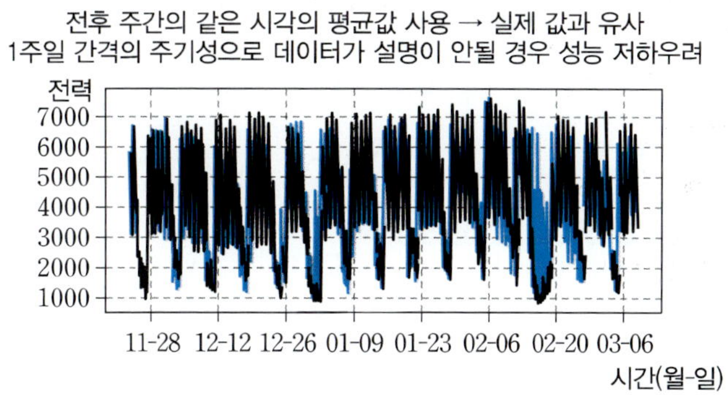

그림 7.77 미취득 시계열 데이터 예측 : 전후 주간 평균값 적용

두 번째 적용되는 방법은 기계학습을 적용한 방법이 있다. 기존 미취득 데이터 생성 방법과 달리 학습된 기계학습 모델의 예측값을 통해 미취득 데이터를 채우는 방법으로, 해당 방법은 미취득 기간 이전에 충분한 분량의 학습데이

터가 존재한다는 것을 가정한다. 이 방법은 기계학습 예측모델이 데이터의 복잡한 주기성을 반영하여 미래값을 예측하기 때문에, 미취득 기간에 대한 예측 값이 실제 값과 유사한 장점이 있다. 하지만, 학습데이터 중에 미취득 데이터가 존재하여 학습데이터가 충분하지 않은 경우 학습이 어려운 한계가 존재한다.

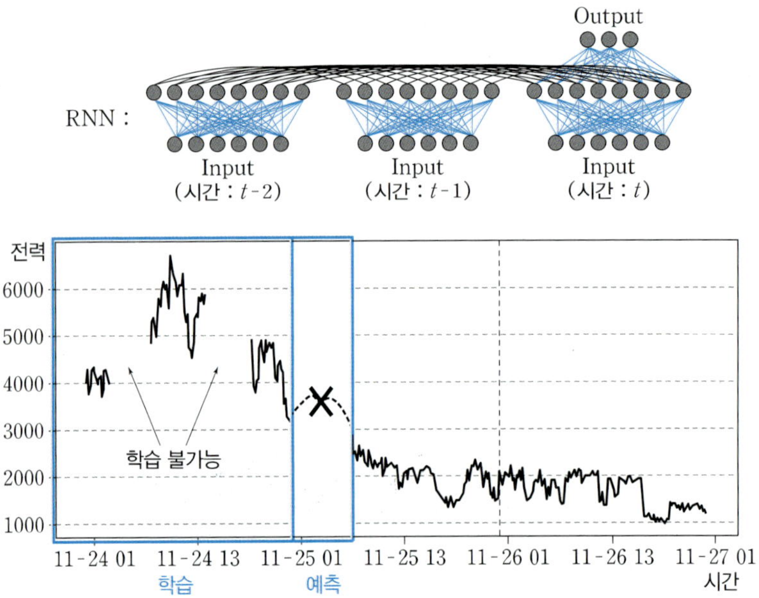

그림 7.78 미취득 시계열 데이터 예측 : 기계학습 모델의 예측값 활용이 불가능한 경우

전력 계측 데이터는 시스템에 따라 차이가 있으나, 미취득 데이터가 다수 존재할 수 있다. 이러한 미취득 데이터, 즉 Null 데이터가 존재하는 경우에는 예측 값으로 Null 데이터를 대체한 학습 및 예측을 진행한다. 따라서 예측 값을 사용하는 것으로 학습을 진행할 수 있는 장점이 있다.

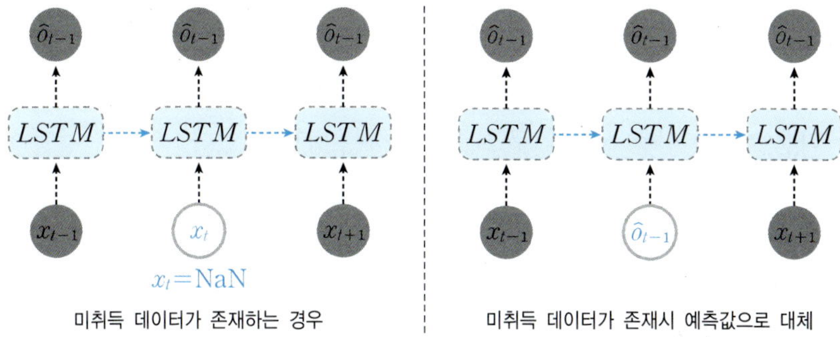

그림 7.79 미취득 데이터 처리 방법 예시

계측 데이터 적용 기계학습 예측모델 개선

계측 데이터에 기계학습 예측 알고리즘을 적용하고 고도화하기 위하여 심층 신경망 구조를 시계열 데이터에 적용한 LSTM(Long Short-Term Memory) 알고리즘을 사용한다. 첫 번째로 모델의 LTM(Long-Term Memory)을 추가한 개선방안을 고려할 수 있다. LSTM 알고리즘은 LTM을 사용하여 장기 예측 성능을 향

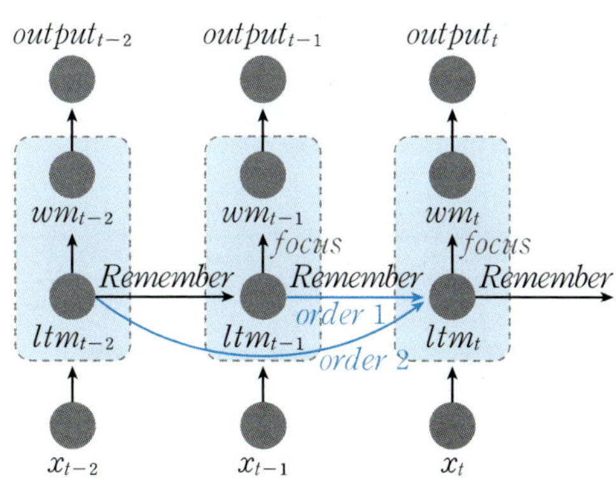

[Long Short-Term Memory]

그림 7.80 Long-Term Memory 추가 활용 예측모델 연구

상시킨다. 기본 알고리즘은 t-1 시점의 LTM 정보만을 활용하는데 성능 향상을 위하여 t-1 시점 이상의 LTM 정보를 사용할 수 있다.

다음으로는 심층 신경망 구조를 활용하는 방법이 있다. 심층 신경망의 경우에는 은닉층(Hidden Layer)이 2개 이상인 것이 특징으로, 은닉층이 많이 있을수록 여러 정보를 조합하여 정확한 예측을 할 가능성이 커진다. 따라서 LSTM의 은닉층 또한 2개 이상의 은닉층을 사용하며, 효율적으로 학습할 수 있도록 하위 계층에서 공간 단축 경로를 제공하는 Residual LSTM 구조를 사용한다.

이러한 모델개선과정에는 파라미터 초기값 설정 및 학습방법을 적용하는 것이 중요하다. LSTM은 계산 과정에서 다양한 파라미터를 사용하므로, 이 파라미터들은 데이터에서 정보를 추출하는 데 사용된다. 파라미터 초기값은 LSTM 학습 시 큰 영향을 미치는 것으로 알려져 있으며, 대표적 방법인 Xavier 초기값 방법을 사용한다. Xavier 초기값 방법은 은닉층의 개수가 많아짐에 따

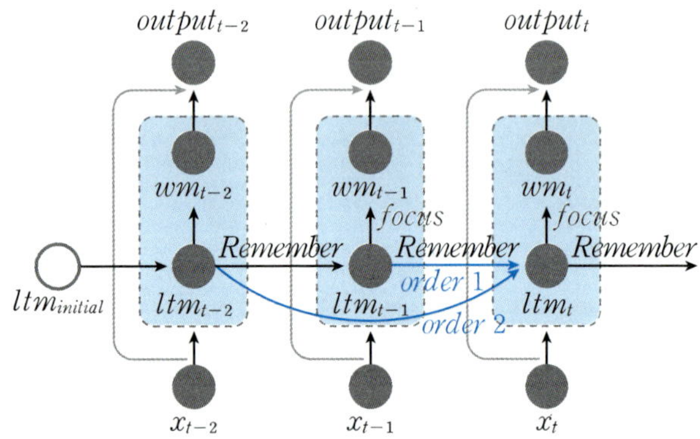

[Long Short-Term Memory]

그림 7.81 심층 신경망 구조 활용를 적용한 예측모델

라 학습이 어려워지는 문제를 해결하는 데 도움을 줄 수 있다. 이와 함께 LSTM에서 Long-Term Memory와 Short-Term Memory(Working Memory)의 초기 값으로 0 값을 사용하는 대신 최적값을 학습하도록 LSTM을 고도화할 수 있다.

모델검증을 위한 평가지표로는 MAPE(Mean Absolute Percentage Error)을 일반적으로 사용한다. 하지만 실제 값과 예측값의 차이가 크게 나더라도 값의 절대적 크기에 따라서 MAPE 편차가 적어 예측정확도가 낮을 수 있다. 따라서 정규화가 적용된 데이터의 최댓값 및 최솟값의 차이를 적용한 Normalized MAPE 값을 사용한다.

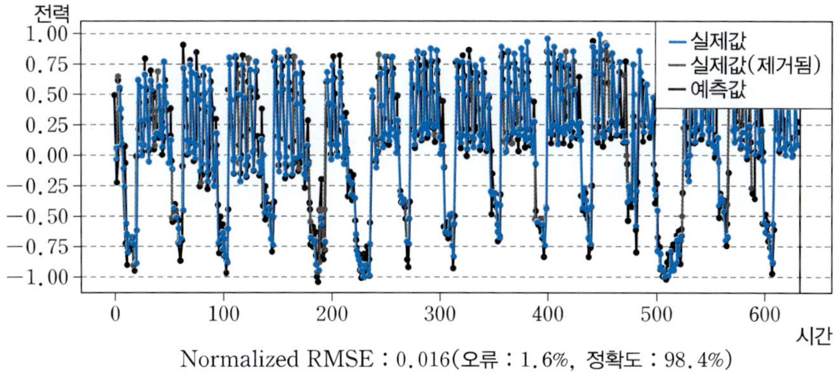

그림 7.82 미취득 시계열 데이터 예측 결과 (1) : 제안 방법

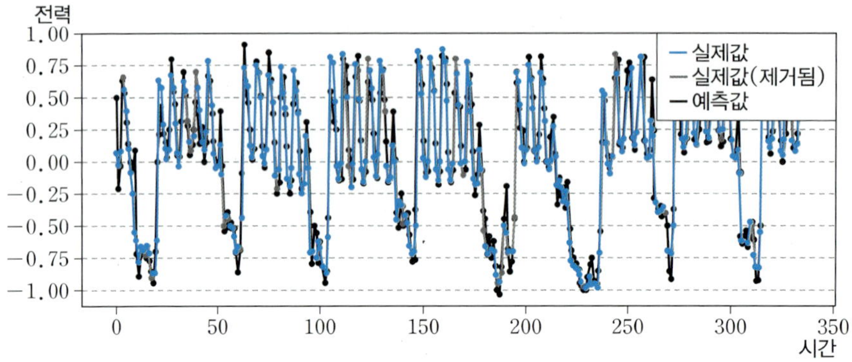

그림 7.83 미취득 시계열 데이터 예측 결과 (2) : 제안 방법

현장 전력 계측 데이터에 대하여 LSTM이 적용된 예측 결과를 보면 실제 데이터 수준으로 예측하는 것을 확인할 수 있다. 그림에서는 전체 데이터 기간의 예측 결과, 학습데이터의 예측 결과의 예시 그래프를 나타냈으며, 제안방법의 오차 변화(Normalized MAPE 기준)는 학습횟수가 증가할수록 안정적으로 감소한 것을 확인할 수 있다.

4 배전 선로 전력품질 계측 파형 패턴 인식기술

배전 선로 유지・관리 측면에서 선로에 설치된 센서로부터 취득할 수 있는 전력 파형은 배전 계통의 감시, 운영의 주요 계측 요소이다. 또한 배전 선로의 분석 기준으로 순시 전력 파형의 모델링과 특성 분석 방법은 전력 품질 이벤트를 검출하는 경우에 적용된다. 전력 파형의 학습을 통해, 현장에서 계측되는 전력 파형을 유형별로 분류하고, 적합한 레이블을 부여하며, 전압과 전류의 패턴을 인식하는 기술을 소개한다.

전력품질 계측 및 전력 파형의 분류

배전 선로내 전력 품질의 향상을 위해서는 품질위반을 발생시키는 원인과 그 요인 파악이 필요하다. 이러한 전력 품질을 측정하는 주요한 지표는 전력 파형(waveform)을 들 수 있다. 전력 파형 중 전압・전류변동에 대한 순시 품질 파형은 시간에 대한 정상 상태 파형에 대하여 Sag, Swell, Interruption, Flicker, Oscillation, Notch, Spike, Harmonics 등 다양한 유형으로 분류할 수 있으나, 배전 상태 변동에 따라서 전압과 전류의 각각 파형 패턴이 다르고, 전력 상 구성에 따른 유형 차이가 존재하므로, 패턴 인식에는 이러한 부분이 고려되어야 한다. 전력 파형의 유형별 모델링과 파형 학습에 따라서 패턴 인식 모델은 피드백과 업데이트를 할 수 있도록 구성된다. 다음은 대표적 계측 데이터 전력 파형에 대한 유형 파형을 나타낸다.

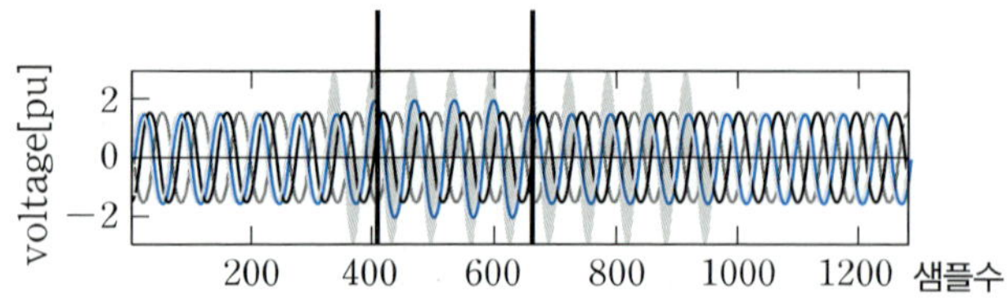

(a) swell

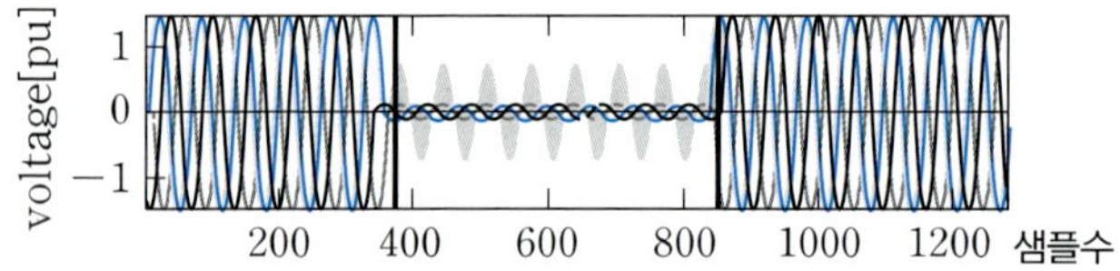

(b) interruption

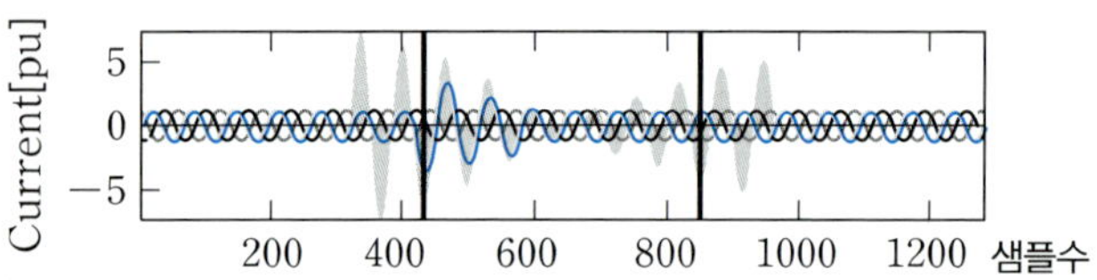

(c) oscillation

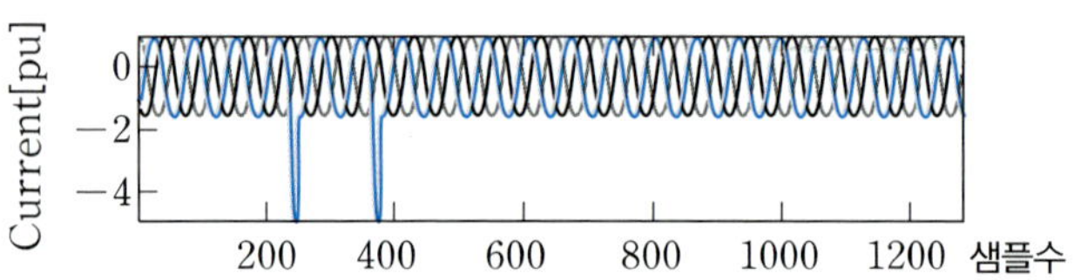

(d) notch

그림 7.84 모델링 된 전력 파형 유형 예시

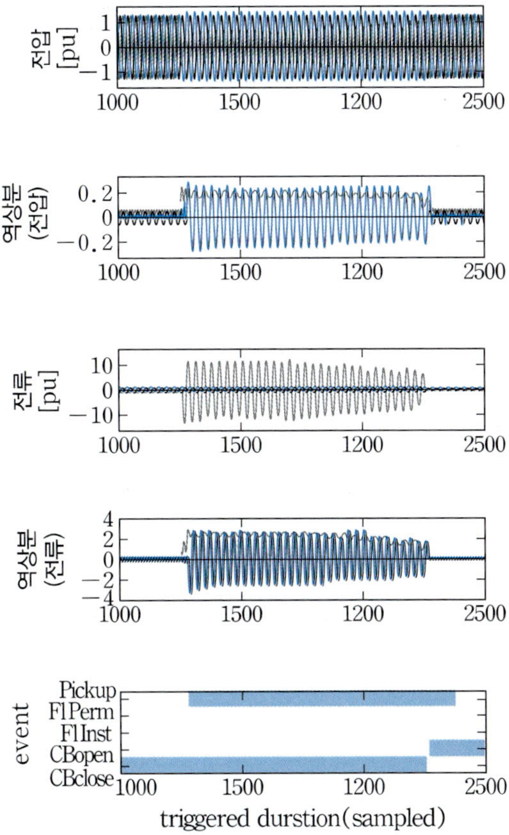

그림 7.85 배전 선로 계측 파형 및 신호처리 파형 예시

전력 파형 분류방법과 적용

배전 선로 파형 분류하기 위한 모델로 기계학습 중 ELM(Extreme Learning Machine)을 응용한 사례를 소개한다. 배전 선로의 파형을 분류하기 위하여 실시간성, 유형별, 성능별 업데이트를 고려한 OS(Online sequential)−ELM을 적용하여 블록 단위의 시간 경과에 따른 시계열 순차 학습이 가능하도록 구성한 것이 특징이

다. 이러한 모델은 배전 선로 현장에 설치된 제어기기에 분류모델을 탑재하거나 계측 파형 유형에 따른 상태 판단에 적용이 가능하다. 파형 학습에서 ELM은 배치형태의 학습을 적용하며, 인식 시점별 적용된 데이터를 기준으로 최적의 값을 찾는 방법이 적용되기 때문에 학습 속도 및 성능 면에서 현장 실 적용에 이점이 있다.

이러한 특징을 활용하면, 소형의 MCU가 설치된 IoT 스마트 센서 적용에도 적합하다. 또한, OS-ELM의 특징으로 재학습 적용이 용이한 확장형 센서의 개발과 탑재 및 업데이트 용이라는 장점이 있다. 파형 분류모델의 성능을 나타내기 위한 테스트 결과 예시는 파형 분류모델의 은닉층의 수와 특징 셋에 따른 정확도를 나타내고 있으며 최대 약 96%의 정확도를 나타내며, 이는 특징 셋의 설정 또한 모델성능에 주요한 영향을 줄 수 있음을 설명한다.

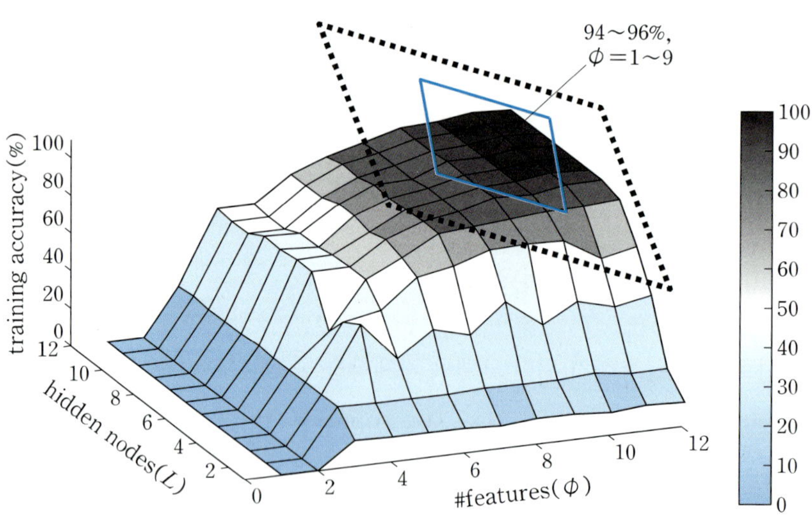

그림 7.86 모델 파라미터 조율에 따른 전력 파형 분류 정확도

IoT 스마트센서 전력신호 인식기술 적용

IoT 스마트센서는 배전 선로에서 계측되는 전력신호인 파형신호를 활용하고 이를 통해 선로의 상태를 판단하는 것이 가능하다. 또한, 현장에서 계측되는 전력파형은 수학적 모델링을 함께 적용하는 경우 파형분류 성능이 향상될 수 있으므로, IoT 센서 설치수량과 취득 데이터량의 제약에 따른 모델의 성능한계를 극복할 수 있는 것이 특징이다. 배전 선로의 패턴을 인식하는 것으로 선로에서 발생될 수 있는 설비의 고장, 이상상태를 인지하고 고장원인을 사전에 제거하여 장기적인 배전 선로의 운영신뢰도 향상을 기대할 수 있으며, 지속적인 스마트센서의 운용으로 데이터의 취득, 성능 업데이트에 따른 전반적인 성능개선을 통한 IoT 기반의 전력설비 상태감시 시스템으로 확장이 기대된다.

맺음말

IoT 기술의 미래

2016년 4차 산업혁명에 대한 개념이 나온 후 IoT 기술에 관한 관심과 산업 규모는 확대되었고 관련 연구도 지금까지 지속적으로 진행되어 오고 있다. 이러한 IoT 기술은 의료, 에너지, 제조 분야에서부터 교육, 금융, 유통, 안전관리 등에 이르기까지 산업 전 분야에서 적용되고 있으며, 세계적으로 표준화 정착 및 현장 적용이 가능한 수준의 기술개발이 진행되고 있기에 한정된 분량의 책으로 모두 소개하기는 어려울 수 있다. 본 도서에서는 전력 분야와 관련된 IoT 기술과 IoT 시스템의 구조, 관련 기술 표준 그리고 스마트센서 개발을 위한 신호분석에 특화된 기술을 소개하였다. 특히 그 중 한전의 연구개발 성과인 「IoT 기반 배전설비 모니터링 시스템」과 수집 정보의 분석기법 관련 내용을 주된 내용으로 다루었다. IoT에 대한 높은 기대만큼이나 시스템을 구축하거나 원활한 운영을 하기에는 아직까지도 기술적인 장애물이 많다고 할 수 있으며, 최적의 시스템을 구축하기 위해서는 앞으로도 많은 시행 착오를 통한 수정, 보완 과정이 필요할 것이다. 따라서 여러 분야의 개발 사례와 노하우를 공유하여 그러한 수고를 조금이나마 줄이고자 하는 것이 본 도서의 목적이며, 특히 전력분야에 IoT 기술을 적용하기 위한 하나의 사례로 활용되고, 관련 분야에 종사하는 분들 또는 이 분야에 관심 있는 기술자, 학생, 연구원들에게 자그마한 도움이 되기를 바란다.

참고문헌

[01] 미래창조과학부, '초연결 디지털 혁명의 선도국가 실현을 위한 사물인터넷 기본계획', 2014.5

[02] 'IEEE Standard for a Smart Transducer Interface for Sensors and Actuators' IEEE Std. 1451.2(1997)

[03] 김진태 외, '저속, 저가, 저전력 무선 PAN 표준 개발동향,' 전자통신동향분석 제18권 제2호, 2003.4

[04] 박태준 외, 'LPWA 기반 IoT 전용 네트워크 기술동향,' 전자통신동향분석 제32권 제1호 2017.2

[05] 김주현, 'IoT(IoT) 접속기술 동향 및 시사점,' 제28권 3호 통권 617호, 2016

[06] SKT telecom, '저전력 IoT LoRa 디바이스 기술 요구사항,' 2016.7

[07] LoRa Alliance, LoRaWAN Specification, http://www.lora-alliance.org

[08] Semtech, LoRaMote User Guide, http://www.semtech.com/images/datasheet/User_Guide_LoRaMote_STD.pdf

[09] Semtech, SX1276 Development Kit Use Guide, http://www.semtech.com/images/datasheet/SX1276DevKit_Userguide_AG.pdf

[10] GitHub, SX1276 Radio Drivers(LoRaWAN 노드 firmware), https://github.com/Lora-net/LoRaMac-노드

[11] ARM mbed, SX1276 RF Transceiver Library, https://developer.mbed.org/teams/Semtech/code/SX1276Lib

[12] 홍성준 외, '전기안전 IoT장치 적용을 위한 LoRa 자가망 시스템 구현 및 성능 측정', KIEEP Vol. 68P, No.1, p.53~60, 2019

[13] 서정욱, '지능형 IoT 네트워크로의 진화', 한국정보화진흥원(NIA), 2019.4

[14] 김영훈, 'Trillion 센서 시대, 스마트센서 시장의 3대 트렌드는?,' POSRI 이슈 리포트, 2018. 1

[15] 알기쉬운 최신 센서 기술(기초에서 응용까지), 북두출판사

[16] 센서전자공학, 동일출판사

[17] Randy Frank, 'Understanding SMART 센서S 2nd edition', Artech House, 2000

[18] Jonathan de Carvalho Silva etc. 'LoRaWAN - A Low Power WAN Protocol for Internet of Things : a Review and Opportunities', July 2017

[19] "Electric Signatures of Power Equipment Failures" IEEE PES T&D, Power Quality Subcommittee WG, PES-TR(Draft), (2015)

[20] Wischkaemper, Jeffrey A., et al. "Application of Waveform Analytics for Improved Situational Awareness of Electric Distribution Feeders." IEEE Transactions on Smart Grid 6.4 (2015): 2041-2049.

[21] "IEEE recommended practice for monitoring electric power quality." IEEE Std. 1159-2009(2009)

[22] Christopher, M. Bishop. PATTERN RECOGNITION AND MACHINE LEARNING. Springer-Verlag New York, 2016.

Glossary of Terms

ADR Adaptive Data Rate

API Application Programming Interface

Application Key(AppSKey) The optional 128-bit key used to encrypt the payload of the message

Application Server(AS) Routing Profile The routing information defining how sensor data is routed to an application back-end connected to the core netwokr platform

Long Range Receiver(LRR) Base Station The equipment implementing one or more radio tranceivers complying with the LoRaWAN network PHY and MAC layer specification. The LR operates under the control of the LRC.

EUI ID A globally unique 64 bit identifier assigned according to the IEEE EUI-64 guidelines

GU Graphical User Interface

Network Key(NwkSKey) The 128-bit key used by the LPWA network to verify the authentificity and integrity of each message transmitted through the system.

SNR Signal to Noise Ratio

LPWA Low Power Wide Area Networks

TDoA Time Differece on Arrival is a wireless location tehnology that relies on sensitive receivers that are typically located at basestations to determine the lcoation of a device

MAC layer Medium access control or media access control(MAC) layer is the lower sublayer of the data link layer(layer2) of the seven–layer OSI model

ISM band Industrial, Scientific and Medical usages dedicated licence–free frequency spectrum

MQTT ISO standard(ISO/IEC PRF 20922) publish–subscribe based "light weight messaging protocol for use on top of the TCP/IP protocol"

찾아보기

[F]

[G]

[H]

[I]

[U]

[V]

[W]

[X]